建筑同层检修排水系统应用

刘德明 著

中国建筑工业出版社

图书在版编目（CIP）数据

建筑同层检修排水系统应用/刘德明著. —北京：中国建筑工业出版社，2012.12
ISBN 978-7-112-14860-8

Ⅰ. ①建… Ⅱ. ①刘… Ⅲ. ①房屋建筑设备-排水系统-研究 Ⅳ. ①TU823.1

中国版本图书馆 CIP 数据核字（2012）第 267641 号

本书主要介绍了建筑同层检修排水系统的研究和应用成果，包括：建筑排水系统发展简论、建筑同层检修排水系统概述、建筑同层检修排水系统理论和试验、建筑同层检修排水系统设计、建筑同层检修排水系统安装、建筑同层检修排水系统验收、建筑排水系统全寿命周期理念的维护管理、建筑同层检修排水系统应用拓展。

本书适用于从事建筑给水排水工程科研、设计、施工和管理人员使用，也可作为给水排水工程专业大专院校教师、研究生、本科生的教学参考用书。

* * *

责任编辑：于　莉
责任设计：张　虹
责任校对：肖　剑　王雪竹

建筑同层检修排水系统应用
刘德明　著

*

中国建筑工业出版社出版、发行（北京西郊百万庄）
各地新华书店、建筑书店经销
霸州市顺浩图文科技发展有限公司制版
北京市密东印刷有限公司印刷

*

开本：787×1092毫米　1/16　印张：13　字数：315千字
2012年12月第一版　　2012年12月第一次印刷
定价：**36.00**元
ISBN 978-7-112-14860-8
（22907）

前　言

近几年来，我国在建筑排水系统技术研究上有了长足的发展。建筑排水系统是建筑给水排水工程的重要组成部分，现实生活中建筑排水系统常常产生漏水、堵塞、噪声、臭气、维修、维护等问题，促使人们更加关注建筑排水系统与室内环境、人体健康的关系，建筑同层检修排水系统就是针对这些问题解决方案的应用研究成果。建筑同层检修排水系统是较全面、较好解决目前建筑排水系统存在问题的一种安全、可靠、极易维护的建筑排水系统。目前、建筑同层检修排水系统在云南、福建、重庆、贵州、广东等地区工程中得到了大量应用。

本书以服务于工程实际为中心，以《WAB型特殊单立管排水系统技术研究》课题成果为基础，包含10多项国家发明和实用专利，两本中国工程建设标准化协会标准《加强型旋流器特殊单立管排水系统技术规程》CECS 307—2012 和《WAB建筑同层检修排水系统技术规程》(在编)，两本地方标准图集：云南省工程建设标准设计图集《WAB特殊单立管同层检修排水系统安装图集》滇11JS4-1 和福建省建筑标准设计《建筑同层检修特殊单立管排水系统安装》闽2012-S-01，以及其他国家和行业标准，如国家标准图集《建筑特殊单立管排水系统安装》10SS410 和《住宅卫生间同层排水系统安装》(在编) 等相关技术内容。

本书旨在把近年来建筑同层检修排水系统研究和应用成果集结成册。以基本概念、基本原理、试验、设计、安装、验收、维护保养和拓展等为主线，一是为方便了解和认识建筑同层检修排水系统，二是为进一步完善和拓展建筑同层检修排水系统提供一定的基础。期望本书的出版对进一步研究、探索和应用安全高效、节材、省地、低成本、低费用的建筑排水系统起到积极作用。本书适用于从事建筑给水排水工程科研、设计、施工和管理人员阅读使用，也可作为给水排水工程专业大专院校教师、研究生、本科生的教学参考用书。

本书出版得到昆明群之英科技有限公司林国强总经理、邱寿华工程师的大力支持，硕士生王子龙、李泽裕对书中大量数据和图纸进行了整理，在此一并表示衷心感谢。限于时间和作者水平，本书难免存在疏漏、缺点乃至错误，恳请读者批评指正。

目　　录

第 1 章　建筑排水系统发展简论

1.1　建筑排水系统发展简史

从公元前 3500 年印度河畔宫殿的室内沟渠排水到公元前 2500 年埃及金字塔的铜管排水，到明代洪武年间（公元 1368～1399 年），南京武庙闸渠就有铸铁管材的使用，到1664 年法国凡尔赛宫的铸铁管排水，到 1684 年英国人在自家的排水系统上安装水封，直至现代可以结合一切最先进技术和工艺的建筑排水系统，印证着整个人类文明的发展史。

回顾几个世纪以来，以抽水马桶为典型代表的卫生器具的发展，见证了建筑排水系统的发展历程。

1596 年，英国贵族 John Harrington 发明了第一个实用的抽水马桶，一个有水箱和冲水阀门的木制座位。

1778 年，英国发明 Joseph Bramah 改进了抽水马桶的设计，采用了控制水箱内水流量的三球阀，以及 U 形弯管等。

19 世纪，英国政府制定法律，规定每幢房屋都必须安装适当的污水处理系统，马桶才开始得以普遍使用。

1861 年，英国一个管道工 Thomas Crapper 发明了一套先进的节水冲洗系统，废物排放才开始进入现代化时期。

1885 年，Thomas Twyford 在英国取得第一个全陶瓷马桶的专利，其后每年都有数十项改善的专利授出。

1914 年，英国人在唐山开的启新陶瓷厂（唐山陶瓷厂的前身）制造出中国第一件陶瓷抽水马桶。

20 世纪 30 年代的上海，晨光初现，许多人就会揉着睡眼，拎着马桶，依次走出家门，然后，就在一个公用的自来水龙头前排起长队。

20 世纪 60 年代，抽水马桶开始在欧美盛行，随后逐渐传到了日本、韩国等亚洲国家。

20 世纪 80 年代初，在北京、上海、广州等地比较高档次的宾馆里才见得到抽水马桶。

21 世纪的今天，各种样式、各种功能的抽水马桶进入人们的视野，走进千家万户，给人们生活带来方便，提高了人类的生活品质。英国著名的《焦点》杂志曾邀请本国 100名权威专家学者和 1000 名读者，评出了世界上最伟大的发明，位居榜首的竟是抽水马桶，这与抽水马桶是英国人首先发明的有关，也是抽水马桶对人类贡献的一种赞誉。

同样，作为建筑排水系统最重要组成部分的立管排水通气系统也在不断发展，为改善和提升人们的生活水平发挥了重要作用。

20 世纪 60 年代，欧洲一些发达国家开始研制开发排水同时又通气的单立管排水系统，点燃了建筑排水系统的革命之火，瑞士学者 Fritz Sommer 在 1961 年研制出苏维托（Sovent）混合器，该系统将气水混合器装设在排水横支管与排水立管的连接处，气水分离器装设在排水立管与横干管或排出管的连接处，这种新型的单立管排水系统也被称为苏维托（Sovent）排水系统，并且在 20 世纪 90 年代引入我国，图 1-1 为苏维托排水系统与主要配件。之后相继出现了以法国、日本、韩国为代表的多种形式的单立管排水系统，较为典型的有 1967 年由法国 Roger Legg、Georges Richard 和 M. Louve 共同研制的旋流排水系统又称塞克斯蒂阿排水系统（Sextia System），该系统将旋流接头装设在排水横支管与排水立管的连接处，特殊排水弯头上端与排水立管连接，下端与横干管或排出管连接，图 1-2 为旋流排水系统与主要配件；1973 年由日本小岛德厚开发的芯形排水系统又称高奇马排水系统，该系统将环流器装设在排水横支管与排水立管的连接处，角笛弯头装设在排水立管与横干管或排出管的连接处，图 1-3 为芯形排水系统与主要配件；20 世纪 90 年代由韩国研制开发的 PVC-U 螺旋排水系统，图 1-4 为 PVC-U 螺旋排水系统与主要配件。这些系统极大地改善了建筑排水系统的功能，在国外高层建筑中得到广泛应用。但这些特制配件构造复杂、制作成本高，2010 年之前，在我国只有少量工程应用。

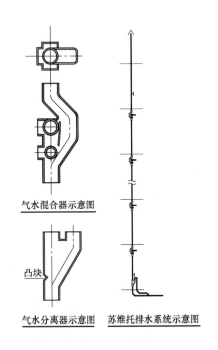

气水混合器示意图

凸块

气水分离器示意图　　苏维托排水系统示意图

图 1-1　苏维托排水系统与主要配件

切向进水

切向进水

切向进水

环旋器示意图

检修口

支座

带跑气器笛式弯头示意图

旋流排水系统示意图

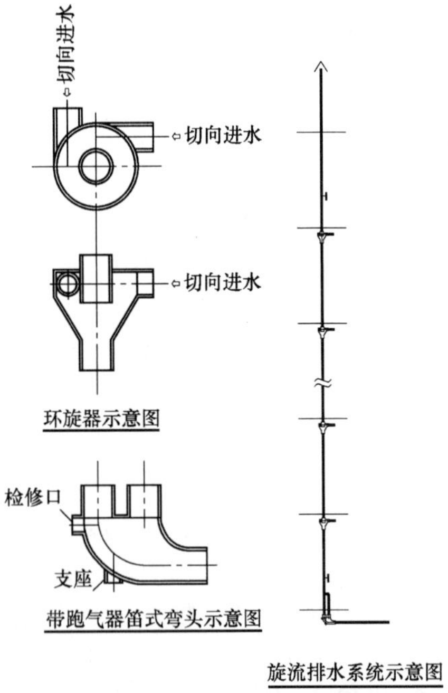

图 1-2　旋流排水系统与主要配件

伴随着我国经济建设取得的巨大成就，各地大量兴建各类高层住宅、公共建筑，建筑排水管材的需求量呈直线上升，一度出现柔性抗震机制铸铁排水管供不应求的局面。同时，针对国外特殊单立管排水系统产品价格高昂、技术垄断的形势，国内不少企业转而开始研发具有自主知识产权的特殊单立管排水系统。

我国建筑给水排水从新中国成立以来经历了三个发展阶段：一是房屋卫生技术设备阶段，即 1949 年至 1964 年；二是室内给水排水阶段，即 1964 年至 1986 年；三是建筑给水

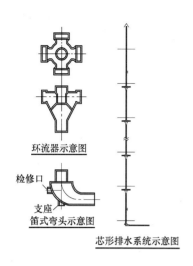

环流器示意图

检修口

支座

笛式弯头示意图

芯形排水系统示意图

图1-3　芯形排水系统与主要配件

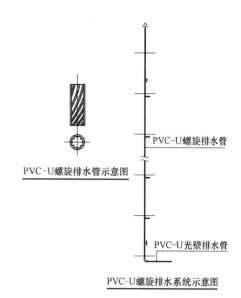

PVC-U螺旋排水管

PVC-U螺旋排水管示意图

PVC-U光壁排水管

PVC-U螺旋排水系统示意图

图1-4　PVC-U螺旋排水系统与主要配件

排水发展阶段，即1986年至今。

房屋卫生技术设备阶段即初创阶段（1949～1964年），从新中国成立到《室内给水排水和热水供应设计规范》开始试行时为止，其主要标志是我国开始设置给水排水专业，房屋卫生技术设备被确定为一门独立的专业课程，第一代通过专业培养的建筑给水排水专业技术人员走上工作岗位，开始形成自己的专业队伍。

室内给水排水阶段即反思阶段（1964～1986年），也就是《室内给水排水和热水供应设计规范》实施阶段，其主要标志是通过工程实践，对以往机械搬用国外经验并造成失误进行了认真总结和反思，进而形成和确立有我国特色的建筑给水排水技术体系。

建筑给水排水阶段即发展阶段（1986年至今），也就是《建筑给水排水设计规范》实施阶段，1986年以来，随着建筑业的发展，建筑给水排水专业迅速发展，已成为给水排水中不可缺少而又独具特色的组成部分。在发展阶段，专业队伍上已具备积累了一定经验并经过专业培训的设计、施工、安装管理人员；技术上积累了以前的实践经验，借鉴了国外的新技术，专业技术有了明显的突破和发展。组织上成立了全国性的建筑给水排水委员会和建筑给水排水分会，有了专门建筑设备（给水排水）工程优秀设计奖评选，国内、国外学术交流活动踊跃。这些都标志着我国建筑给水排水发展进入了一个全新发展阶段。

2003年对《建筑给水排水设计规范》进行了全面修订，基本上反映了当时技术发展现状与科研成果，2009年再次对《建筑给水排水设计规范》进行了局部修订，进一步完善了规范条文，针对建筑排水修订的主要内容有：对同层排水管道设计提出要求；推荐使用具有防干涸功能的新型地漏，禁用钟罩（扣碗）式地漏；根据科研测试成果，调整通气系统不同设置条件下排水立管最大设计排水能力，并补充自循环通气系统设计等内容。2009年来，建筑排水系统进入快速发展阶段，在特殊单立管排水系统、同层排水、家庭和小区中水回用等方面发展突出。

建筑排水系统是建筑给水排水系统的重要组成部分，与人们的生活密切相关。建筑排水系统的设计是否合理，直接影响立管的排水能力和室内环境卫生。一个合理的排水系统应该是排水能力满足使用要求并留有一定余量，使用安全，容易检修，工程综合造价低。在20世纪80年代以前，我国以低层和多层建筑为主，通过单根立管伸顶通气（普通单立管排水）的方式将污水和废水合流排出，至今仍被广泛应用。20世纪90年代以来，大量高层建筑的涌现，人们生活品质的提高，迫切要求建筑排水系统在保护水封的前提下能接纳更大流量的排水。既要扩大排水立管的排水量又要保证系统水封不被破坏，引入了通气立管，极具代表性的有双立管排水系统和三立管排水系统。

我国由于历史原因、专业人员配置、基础学科发展滞后以及经济水平等因素，长期以来，与建筑排水系统密切相关的通气管系统的设置标准偏低。因此，建筑排水系统的水力工况不甚理想，在使用过程中，水封往往会因多种原因导致破坏。我国建筑给水排水系统的研究现状是：无专门的建筑给水排水研究机构，长期以来缺少研究建筑给水排水的基础性课题，已有的一些研究也侧重在建筑给水、热水和消防等方面。21世纪，建筑给水排水将肩负新的历史重任，面临新的挑战，建筑给水排水将更突出以人为本的原则，民用建筑与工业建筑并重，公共建筑与居住建筑并重，走节能、节地、节水、节材和环境保护的可持续发展之路。

1.2 建筑排水系统概述

建筑排水系统，对于不同的人群而言，可以是简单的，也可以是复杂的，或者是熟悉的，又或者是陌生的，既是生活中离不开的，又是尽可能离开的。建筑排水系统的功能是将人们在日常生活和工业生产过程中使用的受到污染的水及降落到屋面的雨水和雪水收集起来，及时排到室外。建筑排水系统可分为污废水排水系统和屋面雨水排水两大类。限于篇幅及重点，本书所述建筑排水系统仅限于建筑生活污废水系统。

建筑排水系统是建筑的组成部分之一，是与人们的日常生活密切联系的系统之一，主要由卫生器具、排水管道、通气管道和清通设备等组成。因为管道输送的污废水存在有毒有害的气体，所以这就是建筑排水系统不断被研究的重要因素。

建筑排水系统根据立管通气方式的不同分为单立管排水系统（普通单立管排水系统和特殊单立管排水系统）和专用通气立管排水系统；根据支管敷设位置的不同，分为同层排水系统和异层排水系统，其中同层排水系统按结构形式不同，又分为降板同层排水、不降板同层排水和夹墙同层排水；根据排放体制的不同，可分为立管污废水合流系统和立管污废水分流系统，其中，立管污废水合流系统又可分为横支管污废合流和横支管污废分流的子系统。表1-1为常见建筑排水系统分类，图1-5为常见建筑排水系统示意。

《建筑给水排水设计规范》GB 50015—2003（2009年版）第4.1.2条规定："建筑物内下列情况下宜采用生活污水与生活废水分流的排水系统：（1）建筑物使用性质对卫生标准要求较高时；（2）生活废水量较大，且环卫部门要求生活污水需经化粪池处理后才能排入城镇排水管道时；（3）生活废水需回收利用时。"当生活废水需要单独收集处理（中水回用）时，采用立管污废分流确是比较合适，但建筑物使用性质对卫生标准要求较高本身是个比较模糊的概念，卫生标准主要就是通过使用时卫生间内是否有异味、是否对人的主观感觉产生不良影响、是否容易堵塞、堵塞了是否容易清通等多方面表现出来，其中异味

立管通气方式		立管排放体制	横支管敷设方式	结构形式
单立管排水系统	普通	污废水合流	污废合流	同层排水
				异层排水
			污废分流	同层排水
				异层排水
		污废水分流	污废分流	同层排水
				异层排水
	特殊	污废水合流	污废合流	同层排水
				异层排水
			污废分流	同层排水
				异层排水
		污废水分流	污废分流	同层排水
				异层排水
专用通气立管排水系统	双立管	污废水合流	污废合流	同层排水
				异层排水
			污废分流	同层排水
				异层排水
	三立管	污废水分流	污废分流	同层排水
				异层排水

注：本表未包括不通气立管排水系统，也未包括排水横支管通气方式。

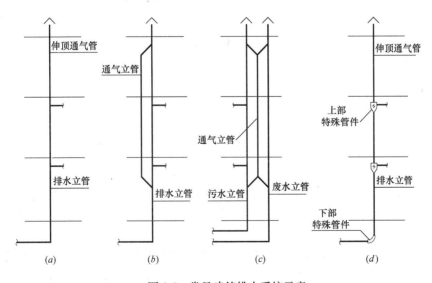

图 1-5 常见建筑排水系统示意
(a) 普通单立管；(b) 双立管；(c) 三立管；(d) 特殊单立管

的产生多由于卫生间内水封被破坏造成，特别是薄弱环节的地漏水封更容易破坏造成排水管道内气体逸入室内，而水封破坏主要是由于立管或横支管负压抽吸造成，排水时负压产生的高低又与排水系统立管最大设计排水能力相关联，以上所述就是要表达：卫生标准的保证首先是立管排水能力足够满足设计要求（压力波动才能更小），其次是水封本身的稳定性要足够好（抗压能力强、可主动补水防干涸），这样才能切实保障建筑室内卫生标准。

1.3 建筑排水系统现状及发展方向

建筑排水系统直接关系到人们的生活质量，小至漏水，大至引发疾病病毒的传播，"非典"就是一个沉痛的反面事件。改革开放以来，国家经济建设取得了巨大成就，人们生活水平的提高都促使建筑排水系统必须保证其卫生安全性，要与生活水平、经济建设相适应，这既是国家建设发展的需要，也是衡量国家综合发展水平的标记，因此，从预防重大疾病传播和保障人民生命健康出发，都需要给水排水学科在这方面给予有力的保障。经过科技研究人员大量的研究与工程实践，发现目前我国建筑排水系统没有完善的测试标准，缺少专门的实验研究，相应的基础理论研究明显不足等问题，这些问题导致工程领域的技术标准落后于社会发展的需要，反映在实际工程中，就是存在水封容易破坏、排水不畅、冒溢冒泡等问题，这些问题长期困扰着人们的生活。由于国情的缘故，我国建筑排水系统与国家一些发达国家相比，还存在一定的差距，这主要表现在以下几个方面。

1.3.1 建筑排水系统的理论研究

排水系统有两大性能：一是及时、迅速、安全地把建筑物内产生的污水及臭气排走，即排放性能；二是防止排水系统内的有害物质进入室内，即卫生性能。排放性能为人们所熟知，卫生性能却容易被忽视。2003 年爆发的传染性非典型肺炎（"非典"）过后，香港卫生署的"淘大花园爆发严重呼吸系统综合征事件主要调查结果"和"世界卫生组织关于淘大花园的环境卫生报告"显示，建筑排水系统可能成为恶性传染疾病的传播途径，其卫生性能的重要性引起了社会各界的高度关注和重视，使人们重新认识到建筑排水系统如果处理不好卫生性能，可能导致危害人民生命安全的严重后果。美国、英国、日本、俄罗斯乃至印度对此均有专门的研究，各国按照各自国家的特点，制定了相应的技术措施，而我国在这一领域的研究一直处于几乎空白状态，相应的科学实验研究进行的很少，缺乏理论方面的深入研究。

早在 1977 年，中国建筑设计研究院情报所、设计所就指导清华大学建工系给水排水实验室和北京市第六建筑工程公司共同在北京前三门某住宅楼搭建简易的实验装置，针对高层住宅（DN100 铸铁管）单立管排水系统内气压变化对卫生器具水封的影响进行了初步实验。这次研究是我国首次在高层排水系统领域开展模拟测试研究，一些主要结论随后被编入了建筑给水排水教材中，并用于指导编制建筑给水排水设计规范，对我国早期高层建筑的排水系统设计起到了积极的指导作用。

其后，上海同济大学在现代设计集团上海华东建筑设计研究院有限公司的支持下，多次利用校内的留学生楼消防平台搭建十二层高的临时排水实验系统，对普通硬聚氯乙烯排水管、内螺旋硬聚氯乙烯排水管组成的单立管排水系统进行了模拟实验研究。

2006 年 11 月～2007 年 4 月，《建筑给水排水设计规范》国家标准管理组在日本积水栗东工厂排水试验塔和积水栗东工厂试验场，专门做了排水立管和排水横干管排水性能试验。

2009 年后，为了编制中国工程建设协会标准《特殊单立管排水系统技术规程》的需要，解决排水立管排水流量这个关键问题，在湖南大学土木工程学院进行了排水立管排水流量测试工作。

　　这些实验数据均成为我国建筑给水排水有关规范编制的基本实验依据，也是对模拟实验方法的有益尝试。但国内实验受各方面条件的制约，实验设备和场所比较简陋，实验没有国家统一的标准，使得各处实验数据可比性差。图1-6为实验内部场景（一），图1-7为实验内部场景（二），图1-8为建筑排水系统实验塔。

图1-6　实验内部场景（一）　　　　　　图1-7　实验内部场景（二）

图1-8　建筑排水系统实验塔

1.3.2 产品性能及检测标准研究

近年来，建筑排水系统涌现出许多新的产品，比如各种材质的塑料排水管、内螺纹排水立管、改善立管内压力状况的新型排水器件、节水型器具、厨房垃圾处理机、新型地漏、吸气阀等，其中塑料排水管道、节水型器具等是我国政府在全国范围内大力推广的产品。作为建筑排水系统的有机组成部分，这些产品都会对建筑排水系统的卫生性能产生重要的影响。然而，由于没有统一产品的卫生性能标准与检测手段，必然造成如下问题：一是产品的推广应用受到限制，影响了产业的发展；二是无法保障排水系统的卫生性能；三是对国家推广产品的工程设计参数产生分歧时，无法判定谁是谁非。

在产品日益更新的今天，如何评判建筑排水产品的性能，特别是如何评判其组成建筑排水系统后的性能，是建筑排水行业最为困惑的问题之一。缺乏有效的模拟实验研究设备，没有统一的评价标准，使得设计人员在设计选用时不得不以生产企业提供的技术数据为准，不得不在如住宅这样最终产品中，根据居民的使用效果来对建筑排水系统性能进行评判，这时即便发现了问题，也很难做出改变。

英国、德国、日本、我国台湾等国家和地区均建立了建筑排水系统模拟实验装置，其中以日本的实验装置规模最大、测试设备配置最完善。以独立法人都市再生机构的 108m 高的实验塔为例，该实验塔是目前国际上最高的建筑排水综合性实验塔，以定流量排水实验为主，开展过排水系统性能、排水管道系统研发、厨房垃圾粉碎系统研发以及超高层立管换气等方面的研究。日本的企业与一些大学研究机构也建立了一批相对用途比较单一的排水实验塔等，利用这些设备开展模拟实验研究，保证了产品技术的可靠性，协助设计单位验证系统性能，开展产品性能认证，使得日本在这方面的研究与应用均处于国际领先水平。

1.3.3 建筑排水系统发展方向

随着人们对生活品质的追求不断提高，对建筑排水系统提出了更高的要求，同时也为建筑排水系统发展指明了方向。

1. 安全卫生

建筑排水系统是实现建筑物功能的重要组成部分，一栋建筑物如果排水管道系统有缺陷，轻则跑冒滴漏，臭气入室，重则影响正常生活秩序，甚至危及生命。

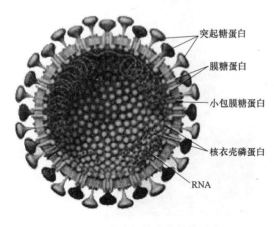

2003 年 3 月香港淘大花园爆发的大规模"非典"事件，造成 321 人被感染，42 人死亡。其中一个重要原因是：卫生间的地漏水封（直通式地漏下部装存水弯）干涸。卫生防疫部门已证实，下水道包括通气管道中存在含有病毒、病菌的气溶胶。图 1-9 为 SARS 冠状病毒结构示意。

以地漏为例，作为一个颇具争议的排水附件，在"非典"之后，人们对地漏的作用有了新的认识，也对其功能提

突起糖蛋白

膜糖蛋白

小包膜糖蛋白

核衣壳磷蛋白

RNA

图 1-9 SARS 冠状病毒结构示意

出了更为严格的要求。许多家庭设置了地漏，因为不经常排水补充地漏水封，使其成为一个臭气口，甚至直接把地漏口堵死。一些公共卫生间所设的地漏得不到补水，水封干涸、臭气外泄也是常有的事情。

建筑排水管道漏水也是人们经常碰到的，尤其是刚性连接的塑料排水管道，管道漏水不仅使污物直接进入室内，影响室内环境和美观。对于异层排水，排水横支管漏水或堵塞常常是比较棘手的问题，因上层住户排水管道出现漏水或堵塞而影响下层住户并造成邻里纠纷的事件在国内时有发生。有鉴于此，在国内很多地区广泛采用同层排水系统，目前应用较多的是降板同层排水系统，这解决了排水管道漏水影响下层住户以及美观的问题。采用降板同层排水系统，如果降板层内排水管道出现漏水或堵塞，虽然不会殃及下层住户，但造成的破坏或维修成本甚至高于异层排水。因此，不论同层排水系统还是异层排水系统，在保证排水管道中有害有毒的气体不会进入室内和管道不会漏水的前提下，保证排水横支管容易检修，这就成了建筑排水系统的发展方向之一。

2. 中水回用

人类曾预言，21 世纪将会是一个缺水的世纪，甚至有可能会因为水资源的纠纷而引发国家之间的战争，全世界约有 20 多亿人口面临淡水资源危机，其中 26 个国家的 3 亿多人正生活在缺水状态中，缺水已称为世界性的问题。开源节流是缓解我国水资源危机的主要政策，节水是缓解这一问题较现实的办法，而污水回用是一条有效的节水途经。采用建筑中水系统，使污水处理后回用，有着双重意义，既可循环使用污水，也可节约水资源，有明显的环境效益和经济效益。因此，在国家大力提倡绿色建筑的今天，建筑中水系统必定会成为建筑排水的发展方向之一。

中水回用是解决城市缺水的有效途径，是污水资源化的一个重要方面。城市合理使用水资源问题迫在眉睫。推行分质用水，实现污水资源化是一项十分紧迫的任务，大力推广中水的使用是城市节水的重要内容。只有很好地应用中水工程才能从真正意义上起到节约能源、节约用水的作用，才能够显示出其经济效益，使中水建设投资和运行投资发挥应有的效益。

目前，由于中水回用一次性建设投资成本较高，大多数采用小区废水集中处理再回用作生活杂用水或用于景观绿化等用水。今后，以家庭为单位的中水回用技术将得到普及，尤其是在降板同层排水系统中采用中水回用技术有着很好的前提条件，可以将收集废水的水箱和其他设备置于降板层内，将废水经过简单的物理、化学处理后，直接用于卫生间冲洗大便器，这种方式比较易于推广，因为它以家庭为单位，不受小区中水回用系统需要所有住户分摊建设成本问题的限制，在自家卫生间装设中水回用系统，不仅节约了大量的管材和水表等成本，由于废水收集水箱的调蓄作用，也有利于建筑排水的流量均衡。

3. 排水设备、附件

生活水平的提高对卫生洁具提出了新的要求，卫生器具更注重舒适、可靠、安静、节水、节能。近年来，具有代表性的卫生洁具有：水力按摩浴盆，用喷嘴产生大量回旋式气泡和冲击水流，可达到康体和休闲的效果；连体式低位冲洗水箱漩涡大便器，冲洗时噪声低，冲洗效果好，可节省冲洗水量；高标准的全自动坐式大便器，冲洗污物、清洗人体和吹干等全部过程自动化。

值得一提是，地漏虽然只是一个小小的建筑排水附件，但也是使用中出现问题最多附件之一，主要表现为水封破坏致使有害气体逸入室内和容易聚集毛发并且不易清通两个方面，值得欣慰的是，地漏的作用和重要性逐渐引起建筑排水行业所重视，近年来，在国内出现了多种新概念地漏。

4. 特殊单立管

瑞士在20世纪60年代开发的苏维托排水系统（Sovent System），是最早出现的特殊单立管排水系统，随后又出现了诸如旋流排水系统（又称塞克斯蒂阿排水系统）、芯形排水系统（又称高奇马排水系统）等类型，这类特殊单立管排水技术在欧美日等国家得到推广使用，其应用的历史已经超过了30年。

2007年以来，国内掀起新一波特殊单立管排水系统的开发和应用热潮并持续至今。其具有：排水流量高（接近和达到双立管排水系统的流量）、占用空间小（所需安装空间仅相当于普通单立管排水系统，增加有效使用空间）、节约管材（与同等排水量的双立管系统相比，省去了通气立管和通气管件等）、节约安装费用（由于省去了通气立管，大大减少安装所需的人工和辅材）等优点。

目前，特殊单立管排水系统在北京、上海、云南、福建、重庆、广东等地的高层建筑中得到广泛应用，效果也比较好。在建筑标准要求较高的建筑和其他使用普通单立管排水系统无法满足排水要求的建筑中，采用特殊单立管排水系统将逐步成为行业共识，开发更高性能的特殊单立管特制配件将是建筑排水系统的发展方向之一。

5. 同层排水

长期以来，我国住宅的卫生间、厨房和阳台排水一直沿用将用水器具的排水横支管敷设在下层房间上部的方式。随着住宅的商品化，这种传统的敷设方式已经明显不适应时代发展的要求，其最大的问题是卫生器具排水横支管吊装在楼板下，把最有可能出现问题的部分留在下层住户家中，使下层住户卫生间、厨房和阳台需要为上层住户设置吊顶，当排水管道渗漏或堵塞检修时，会给下层住户造成不良影响，有时甚至引发邻里纠纷；同时，上层住户（夜间）冲水的噪声对下层住户也存在干扰。

卫生间排水管道的下层敷设方式已经愈来愈明显地与"以人为本"的住宅理念相悖。因此，根据排水管道必须在住户本层敷设的基本原则，探讨各种排水管道敷设方式是目前卫生间、厨房和阳台排水系统设计的一个重要任务。

随着住宅产业化的发展，住宅已称为老百姓生活中最大的消费品，业主对自己居住空间的隐私权益也更为关注，传统的排水方式将上层住户卫生间的排水管道布置在下层住户的顶部，使得私有住宅的产权完整性缺乏界定，维护检修以及地面渗漏等经常造成邻里纠纷。开发商顺应业主的需求，在居住建筑中将会更广泛地采用同层排水技术，同层排水技术将是住宅、宿舍、病房楼、公寓、宾馆等居住类建筑排水系统的发展趋势。长久以来，我国建筑一直采用传统的隔层排水方式，随着国民经济的飞速发展，人们对生活质量也有了越来越高的要求，反映到卫生间应用方面，已经不再单纯着眼于功能及成本因素，卫生、安全以及使用的便利性等都成为重要的考虑因素。在这一背景下，隔层排水的诸多问题逐渐突显，已经不能满足人们对建筑排水的要求，降板同层排水、不降板同层排水和夹墙同层排水是将来卫生间、厨房、阳台排水横支管的主要敷设方式。

6. 排水系统维护

一直以来，建筑排水系统自投入使用之日起，就很少引人关注，除非出现排水管道漏水、排水管堵塞和排水管道噪声等问题时，才会被人们提及，很少有人有主动维护建筑排水系统的理念，这与国外发达国家相比，差距就很明显了。

从大的方面来讲，排水系统维护主要有定期维护和突发维护两大类。定期维护主要针对排水管道固定是否有松动、荷载传递是否均匀、防腐是否有问题、是否存在局部隐患等等。突发维护主要针对接口漏水、排水管道破损等问题进行的。将建筑排水系统的维护作为建筑排水系统运行的一项子工作，不仅有利于保证建筑排水系统持续安全可靠的工作，也有利于提高排水系统的使用寿命。建筑排水系统维护要求、技术和设备的研发也是今后建筑排水系统发展的方向之一。

7. 科研和标准化

除了上述建筑排水系统发展的具体方向外，与发达国家相比，制约我国建筑排水系统发展的因素是多方面的。我国建筑排水行业的发展还有以下几个问题需要引起我们重视的：（1）建筑排水产品繁多，虽然产品标准的制定取得了很大的进步，但仍未形成产品标准的完整体系，提高和完善产品标准水平是保障建筑排水系统产品合格的前提；（2）建筑排水的科研工作尚未走上一条有计划、有步骤、有组织的、有目的的发展道路，建立专门针对建筑给水排水基础课题的科研机构和测试机构将是今后学科发展的必然要求；（3）目前，国内尚无建筑排水系统的测试标准，特别是没有关于住宅建筑排水系统是否合理设置、运行安全评价等方面的标准，这将直接导致工程领域的技术标准落后于住宅发展需求。

建筑给水排水设计规范的发展历程也见证了建筑给水排水广大科技工作者和业内人士勇于探索、积极创新、实事求是的精神，就 2010 年实施的《建筑给水排水设计规范》而言，其中的排水系统的修订内容可谓是耳目一新，从规范对建筑排水系统的修订内容来看，多少也体现了一种趋势在里面，主要有以下几方面：

（1）有关地漏水封类的条文多达 8 条，其中强制性条文就有 3 条，充分体现了对建筑排水系统薄弱环节的高度重视，创造一个洁净卫生的室内环境是建筑排水系统本质所在，其中多数条文是针对"硬件"而言的。

（2）对需要设置同层排水的场所从"宜"到"应"，满足了社会发展的需求，也充分体现了建筑排水系统今后发展的方向。

（3）首次增加了特殊单立管排水系统的有关内容，根据科研测试调整了立管最大设计排水能力值，删除了不通气立管排水系统，增加了自循环通气系统，明确了设置专用通气立管和特殊单立管排水系统的场所。这一系列举措都表明了同一个主题，建筑排水很多内容不能停留在纯理论和工程经验，还需要增加科研作为辅助，才能更好地推动这门学科的发展。

近几年来，全国性乃至世界性的给水排水学术交流日趋活跃，各类专业期刊投稿踊跃，为广大同行相互沟通学习提供了一个良好的平台，充分重视新成果、新观点、新技术，鼓励不同学术观点的争鸣，促进学科交叉融合和协调发展，推进学术建设。从行业涉及的不同专属领域来看，高校、科研机构、生产企业、设计单位、施工单位、建设单位和使用单位以市场需求为纽带，各方加强合作，形成良性互动，促进科技成果的转换也是建筑排水行业展现生机勃勃的一面。随着我国科技水平不断地发展进步，建筑排水技术也在不断地发展，建筑排水属于应用工程领域，随着国民经济的快速增长，人们生活质量的不断改善和提高，建筑事业的蓬勃发展，我们大胆预言建筑排水技术在本世纪将会取得更加迅速的发展，会取得更加辉煌的成就。

第2章　建筑同层检修排水系统概述

2.1　概述

建筑排水系统布置不当给人们造成的负面影响，小至排水噪声、漏水，大至传播病毒。虽然现实生活中出现因为排水系统引发病毒传播的例子很少，但诸如卫生间内有异味、排水不通畅、堵塞、漏水等问题却是层出不穷。社会和经济的向前发展，要求建筑排水系统也要与时俱进，建筑同层检修排水系统就是为了解决这些问题而产生的。

建筑排水系统的选择直接影响着人们的日常生活与生产活动，在设计过程中应首先保证排水通畅和室内良好的卫生环境，再根据建筑类型、标准、投资、建设方要求等因素，合理地选择建筑排水系统。建筑同层检修排水系统把建筑排水系统的安全性能和维护性能放在首位，其中安全性能不仅指建筑排水立管的通水能力，也指整个建筑排水系统的卫生安全性。提高建筑排水立管通水能力和防止水封破坏是建筑排水系统面临的两个最重要问题。此外，国内卫生间排水横支管还普遍存在易堵塞、难检修，降板同层排水时渗漏导致积水长期滞留污染室内环境等种种弊端，所有这些都决定了建筑排水系统必定是朝排水通畅、安全卫生、易检修维护等大趋势发展的。

过去人们对水封的认识不足，近年来研究表明，影响水封的因素是多方面的。这里引入水封强度的概念，影响水封强度的内在因素（本体）主要包括水封高度、水封比（出口侧与进口侧表面积之比）、水封容量等，影响水封的外在因素主要包括压力波动、动态损失、静态损失等。压力的波动势必影响到水封的稳定性。

建筑同层检修排水系统重视并强调整个排水系统水封的稳定性，包括卫生间、厨房和阳台排水系统，包括地漏在内的所有排水器具和排水配件的水封稳定性；建筑同层检修排水系统同时强调排水系统的通畅性和易检修、易维护性能。具体而言，建筑同层检修排水系统具备以下条件：（1）所有水封装置的水封高度大于等于50mm；（2）所有水封装置的水封比（出口侧与进口侧表面积之比）大于1；（3）所有水封装置的水封容量大于以接入或接出管径在同等水封高度下构成水封的存水量；（4）包括卫生间、厨房和阳台在内的支管排水系统具备同层易检修清通、排水配件部件易更换的特点；（5）所有水封装置具备主动补水防干涸功能；（6）当建筑同层检修排水系统应用于降板同层排水时，能够及时安全可靠的排除降板层内可能出现的积水；（7）所有水封装置具有很强的抗负压能力，在−400Pa负压并持续10s的条件下，水封剩余高度大于30mm；（8）排水通畅，排水噪声低。

2.2　建筑同层检修排水系统基本概念

本节重点针对建筑同层检修排水系统涉及的若干概念和专用术语进行解释，建筑排水系统的其他术语或概念可参考有关书籍、规范、规程等相关的内容。

（1）建筑同层检修排水系统

涵盖卫生间、厨房和阳台排水（同层排水和异层排水），其显著特征是所有排水支管都可以实现同层清理检修的功能；在设地漏时，卫生间、厨房和阳台可实现降板和不降板同层排水；除便器外，其他卫生器具的水封具备主动补水防干涸功能等功能；排水系统通畅并易于检修保养。

（2）同层检修地漏

建筑排水系统中的水封容易受到外界条件如负压抽吸、正压喷溅、蒸发等影响，致使水封容易破坏，非常不利于室内卫生环境。同层检修地漏属于新概念地漏，目的就是充分重视建筑排水系统水封，尤其的最薄弱的地漏水封，并有确保其水封具备较高的抵抗排水立管气压波动能力。

同层检修地漏顶面排除地面积水，同层安装时侧面排除降板层内积水的新型有水封横向排除地漏，有单通道地漏、双通道地漏、双通道防溢地漏三种形式。该地漏同层安装、异层安装时均可实现本层检修。异层安装时降板层积水排除管封堵。

（3）污废分流和合流

卫生间应用建筑同层检修排水系统时，既可以实现排水横支管污废分流、排水立管污废合流的排水方式，也可以实现排水横支管污废分流、排水立管污废分流的排水方式和排水横支管污废合流的排水方式。其中，排水在排水立管合流的情况下污废水进行分流排放有助于提高卫生标准，由于卫生间横支管的污水主要为大便器排水，属瞬时洪峰流态，容易在与其相连通的其他横支管中产生较大的压力波动，有可能在水封强度较为薄弱的地漏、浴盆等环节造成水封破坏，而相对来说废水排放属连续流，排水平稳，将其连通汇合接入排水立管能起到一定的缓解压力波动作用。

（4）水舌

水流在冲击流状态下，由排水横支管进入排水立管下落，在排水横支管与排水立管连接部短时间内形成的一种水力学现象，水舌阻断了排水立管内空气流动断面，不利于排水工况。

（5）附壁螺旋流

当进入排水立管的水不能以水团形式脱离管壁在管中心坠落，而是沿管壁周边向下做螺旋贴壁流，由于水流的螺旋运动产生离心力，使水流呈现密实、气液两相界面清晰的特点，水流夹带气体作用明显减弱，排水立管中心形成贯通上下的空气芯。

（6）水跃

排水系统中竖直下落的大量污水进入排水横管后形成的一种水力现象，一般由急流段、水跃、跃后段组成，其表现为管内水位快速上升，以至于充满整个管道断面，使水流中夹带的气体不能自由流动，短时间内排水横管中压力骤然增加。

（7）水封

地漏中用于阻隔臭气溢出的存水装置，设在卫生器具排水口以下，用来抵抗排水管内气压变化，防止排水管道系统中气体逸入室内的一定高度的水柱，传统的建筑排水系统中一般用存水弯来实现，而建筑同层检修排水系统中除了非自带水封蹲便器外，其他所有排水横支管上均不设置管件存水弯，全部采用特殊的水封装置。

（8）水封破坏

因静态和动态原因造成存水弯（或水封装置）内水封高度减少，导致管道内气体进入室内的现象叫水封破坏。在一个排水系统中，只要有一个水封破坏，整个排水系统的平衡就被破坏。

（9）防干涸水封

针对水封容易被破坏而引入的技术，包括采取加设重力止回阀、提高水封抗压能力、实现主动补水、长期未使用时密闭等一系列措施。这类水封装置（产品）是规范首推选用的排水系统附件。

（10）水封强度

建筑同层检修排水系统引入水封强度的概念，水封强度是客观评价、衡量水封性能的一个综合指标，其主要受水封高度、水封容量、水封比的影响。

（11）水封比

水封装置出水一侧的断面积（A_2）与进水一侧的断面积（A_1）之比，即 A_2/A_1。值得一提的是，水封比本身是确实存在的，但水封比理论却是一个颇受争议的话题，国内有学者提出浅水封理论，正是基于大于1的水封比，主要有两个问题值得我们关注：高水封比是否适用于管道正压？浅水封是否容易被负压击穿？这些问题将在本书第三章进行探讨，主要从水封的基础理论和试验研究进行分析。图 2-1 为水封比参数示意。

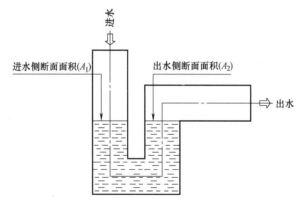

图 2-1 水封比参数示意

（12）水封高度

水封高度指地漏中存水的最高水面到水封下端口之间的垂直距离，是防止排水系统中气体窜入室内的有效高度。现行国家规范对水封高度有一定的强制要求，如《建筑给水排水设计规范》GB 50015—2003（2009 年版）第 4.2.6 条规定："……存水弯的水封深度不得小于 50mm。严禁采用活动机械密封替代水封。"第 4.5.9 条规定："带水封的地漏水封深度不得小于 50mm。"如图 2-2 所示为不同类型存水弯和建筑同层检修排水系统水封装置的水封高度。

（13）水封容量

水封容量即为水封装置的封水量。

（14）降板同层排水

结构设计中，将卫生间结构楼板降低一定高度，以使本层的排水支管敷设在本层的结

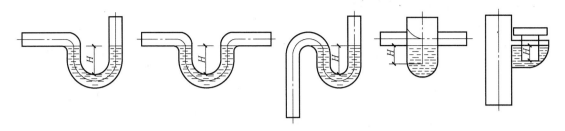

图 2-2　不同类型存水弯和建筑同层检修排水系统水封装置的水封高度示意

构楼板和最终装饰层面之间的一种排水方式，属于同层排水的一种类型，因适用的卫生器具多、造价低、易施工，在国内应用较为广泛。

（15）不降板同层排水

在设地漏的情况下，实现本层排水横支管无需进入下层空间的一种排水方式，不同于沿墙敷设的同层排水系统，主要应用于采用建筑同层检修排水系统的厨房和阳台中。

（16）长流水法

又称定流量法，主要被引用于建筑排水系统立管排水流量的测试试验中，与瞬时流量法对应，指测试过程中，保持系统的排水流量恒定不变，该方法测试要求严格于瞬时流，测试数据更能体现排水系统立管的排水性能。

（17）全寿命周期

指建筑同层检修排水系统在投入使用运行开始，直至回收再利用的整个系统寿命时间，主要针对建筑同层检修排水系统的运行、使用和维护保养。

（18）系统测试

建筑排水系统在投入运行前，需要进行灌水试验、通球试验。但长期运行过程中存在着各种各样不确定因素，建筑同层检修排水系统引入该概念，就是不仅要重视建筑排水系统的验收工作和验收合格的门槛，还要提高验收效率和后续检测建筑排水系统运行是否安全可靠。

（19）加强型旋流器

加强型旋流器亦称导流接头，铸铁材质，内置防腐导流叶片，用于连接排水立管与排水横支管，使立管水流和横支管汇入水流快速形成附壁螺旋流，且能改善排水系统水力工况、减缓排水立管中水流速度、消除水舌现象和降低系统水流噪声等功能要求的特殊管件。

（20）底部异径弯头

铸铁材质，出口端比进口端管径放大一至两级，用于连接排水立管与排水横干管或排出管，通过有效降低排水立管底部及横干管或排出管始端的正压波动，从而达到改善排水系统水力工况的特殊管件。

（21）导流连体地漏

铸铁材质，用于连接立管同时具备排放地面积水的功能，内置防腐导流叶片，带螺纹接口用于连接塑料配件以构成自带水封地漏，水封比大于1。

（22）系统测试检查口

铸铁材质，带有可开启方形检查盖的配件，方形孔上方设有螺纹接口。装设在排水立管上，作检查、清通、测试之用。

（23）同层检修地漏

本体采用塑料材质，箅子采用不锈钢材质，顶面可排除地面积水，同层安装时侧面排除降板层内积水。异层安装、同层安装均可在本层清理检修的自带水封新概念地漏，水封比大于1。包括同层排水系统专用的 D-Ⅰ型同层检修地漏、异层排水专用的 D-Ⅱ型同层检修地漏。D-Ⅰ型同层检修地漏还配备了积水收集皿和地漏楼板防水套。

（24）直通防臭地漏

塑料材质，可排除地面积水，无水封，与建筑同层检修排水系统配套使用的特殊配件（可选），内部设有重力止回阀。

（25）器具连接器

塑料材质，无水封，既可排除地面积水，又可与洗脸盆、淋浴房、浴盆、洗衣机排水管连接，接口有 DN32 和 DN40 两种规格，与建筑同层检修排水系统配套使用的特殊配件（可选），内部设有重力止回阀。

（26）水封盒

塑料材质，自带水封，水封比大于1，盖子平时密闭，清理时可打开，设置于洗涤盆、洗衣盆等卫生器具下方的本层排水横支管上。

（27）排水系统检测仪

一种方便可携带的测试仪器，与系统测试检查口、膨胀堵头、充气胶囊等配合使用可检测建筑排水系统的管道气密性以验证是否渗漏及渗漏程度，亦可检查建筑排水系统内水封的稳定性能，多用于工程验收和采集实验数据。

2.3 建筑同层检修排水系统分类与组成

2.3.1 分类

建筑排水系统的最大功能就是将人们在日常生活和工业生产过程中使用的、受过污染的水收集起来，及时排至室外。

建筑同层检修排水系统按照通气方式的不同，可分为普通单立管建筑同层检修排水系统、专用通气管建筑同层检修排水系统和特殊单立管建筑同层检修排水系统。按排水支管布置方式，可分为建筑同层检修同层排水系统和建筑同层检修异层排水系统。按污废水是否分开排放，又分为建筑同层检修立管污废合流系统和建筑同层检修立管污废分流系统。按建筑功能布局，可分为卫生间建筑同层检修排水系统、厨房建筑同层检修排水系统和阳台建筑同层检修排水系统。

1. 普通单立管建筑同层检修排水系统

与传统普通单立管排水系统相比，主要差异主要在于排水横支管，即排水立管为普通单立管、排水横支管为同层检修，按敷设方式不同分为同层排水和异层排水。多用于多层建筑排水系统。

2. 专用通气立管建筑同层检修排水系统

与传统专用通气立管排水系统相比，主要差异在于排水横支管。即排水立管设有专用通气立管、排水横支管为同层检修，按敷设方式不同分为同层排水和异层排水。多用于高层公共建筑排水系统。

3. 特殊单立管建筑同层检修排水系统

与普通单立管和专用通气立管排水系统相比，主要差异不仅在于排水横支管，也在于排水立管，排水水横支管为同层检修，排水立管为特殊单立管排水系统，按敷设方式不同分为同层排水和异层排水。该系统以不破坏系统水封或超出限定压力波动值的前提下实现了排水性能的大幅提升。

4. 建筑同层检修同层排水系统

排水横支管不穿越楼板进入他户或下层空间的一种排水系统，在同层就解决了排水管道连接、敷设，具有建筑美观、排水管道暗敷，卫生间布置灵活、楼板无需预留支管孔洞，排水噪声小、清理检修不干扰下层用户。

近年来，随着我国城市建设的发展，建筑理念更加体现以人为本的精神，人们对住宅舒适性和个性化的强烈要求，使得同层排水系统在全国各地得到广泛的应用。建筑同层检修同层排水系统应用于卫生间时，分为结构降板和结构不降板两种做法；建筑同层检修同层排水系统应用于厨房和阳台时，为结构不降板做法。

5. 建筑同层检修异层排水系统

建筑同层检修异层排水系统，即排水横支管进入他户或下层空间的一种排水系统，也是目前广泛采用的排水横支管布置形式，与传统的异层排水系统不同之处在于，虽然排水横支管敷设于下层空间内，但废水管道发生堵塞时，仍可在本层套内进行清理检修。

6. 建筑同层检修立管污废合流系统

排水立管污废合流是目前建筑排水系统中的主要做法，污废水共用一根排水立管。建筑同层检修立管污废合流系统对于卫生间而言，又可分为排水横支管污废合流和排水横支管污废分流两类。

7. 建筑同层检修立管污废分流系统

应用于要求中水回用或要求对污水进行特定处理的地区，污废水通过两根排水立管分开排放，有助于提高建筑物卫生标准，但占用较多空间并且造价高。

8. 卫生间建筑同层检修排水系统

卫生间是人们日常生活或工作中离不开的一个场所，在卫生间的排水横支管上设有同层检修地漏等特殊配件，洗脸盆、淋浴房或浴盆等的排水横支管共用一个水封，该水封具有抵抗较高压力波动的能力，并且具有主动补水防干涸、易于检修等功能，该系统能较好地改善卫生间室内环境，保障排水的通畅性和卫生安全性。卫生间建筑同层检修排水系统分为降板同层排水、不降板同层排水和异同排水三种方式。

9. 厨房建筑同层检修排水系统

厨房排水管道由于存在较多的杂物、油脂等，在长期使用后厨房排水管道容易发生管道有效断面积缩小或堵塞等现象，厨房用水频率高，容易溅到地面，因此，厨房中按常规在洗涤盆下方设置存水弯往往容易产生堵塞或导致排水不畅，同时不容易检修，常规的地漏设置也直接影响厨房的卫生环境。厨房建筑同层检修排水系统使用导流连体地漏（不降板同层排水）、同层检修地漏（异层排水）、水封盒等特殊配件能较好地解决这些问题。厨房建筑同层检修排水系统分为不降板同层排水和异层排水两种方式。

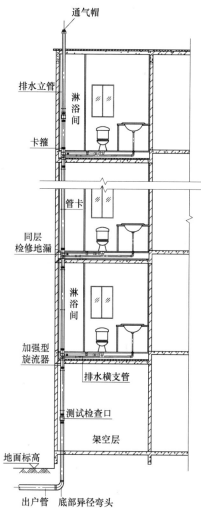

通气帽

排水立管

淋浴间

卡箍

管卡

同层
检修地漏

淋浴间

加强型
旋流器

排水横支管

测试检查口

架空层

地面标高

出户管 底部异径弯头

图 2-3 建筑同层检修（同层排水）
卫生间特殊单立管排水系统组成示意

10. 阳台建筑同层检修排水系统

阳台排水系统是建筑排水系统中最简单的，一般供阳台设置的洗衣盆、拖布池或洗衣机排水使用，在现代住宅中，更多的是使用洗衣机，因此，阳台排水系统只存在排除洗衣机废水或少量雨水的功能，目前做法，就是排水立管一根，在靠近排水立管处设置一个带存水弯地漏。阳台建筑同层检修排水系统实现了同层检修，并且考虑到阳台受日照、较少使用卫生器具等因素，提供了保障阳台排水系统卫生环境的功能。阳台建筑同层检修排水系统分为不降板同层排水和异层排水两种方式。

2.3.2 组成

建筑同层检修排水系统应能满足以下三个基本要求：首先，系统能迅速畅通的将污废水排到室外；其次，排水管道系统内的气压稳定，有毒有害气体不进入室内，保持室内良好的环境卫生；再次，管线布置合理，工程造价低，便于维护。

建筑同层检修排水系统的基本组成部分有：卫生器具、排水管道、特殊管件、特殊配件、清通设备和通气管道，在必要时还可以设置污废水局部提升设施。图 2-3 为建筑同层检修（同层排水）卫生间特殊单立管排水系统组成示意，图 2-4 为建筑同层检修厨房排水系统组成示意，图 2-5 为建筑同层检修阳台排水系统组成示意。

1. 卫生器具

卫生器具又称为卫生设备或卫生洁具，是供水或接收、排出人们在日常生活中产生的污废水或污物的容器或装置。

按其作用分为以下几类：（1）便溺用卫生器具：如大便器、小便器等；（2）盥洗、淋浴用卫生器具：如洗脸盆、淋浴器等；（3）洗涤用卫生器具：如洗涤盆、污水盆等；（4）专用卫生器具：如医疗、科学研究实验室等特殊需要的卫生器具。

2. 排水管道

建筑排水系统就是由众多的排水管道连接而成，从排水管道的位置和被赋予功能的不同，可分为排水支管、排水立管、排水横干管和排出管，其作用是将各个用水点产生的污废水通过排水管道及时、迅速的输送到室外。目前，最常用排水管材为塑料排水管道和铸铁排水管道两大类。

3. 特殊管件

建筑同层检修排水系统中特殊管件包括加强型旋流器、底部异径弯头、导流连体地漏和系统测试检查口，全部设置于排水立管中。这些管件均采用铸铁材质一次铸造成型，见

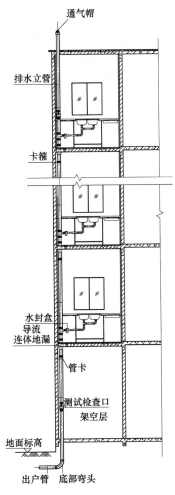

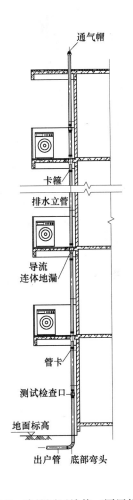

图 2-4 建筑同层检修（同层排水）
厨房排水系统组成示意

图 2-5 建筑同层检修（同层排水）
阳台排水系统组成示意

图 2-6。各特殊管件主要的技术性能见本章第 2.3.3 节。

4. 特殊配件

建筑同层检修排水系统的特殊配件设置在卫生间、厨房和阳台的排水支管上，包括同层检修地漏、直通防臭地漏、器具连接器、水封盒和导流连体地漏塑料件。这些管件均为 PVC-U 塑料材质，见图 2-7 和图 2-8，各特殊配件主要的技术性能见本章第 2.3.3 节。

5. 清通设备

污废水中含有固体杂物和油脂，容易在管内沉积、黏附，降低通水能力甚至堵塞管道。为疏通管道保障排水畅通，在必要的地方需设置清通设备。清通设备包括设在横支管顶端的清扫口、设在立管或较长横干管的检查口和设在室内较长的埋地横干管上的检查口井。

值得一提的是，上述特殊配件中的同层检修地漏、导流连体地漏、水封盒和系统测试检查口都具有清通污物功能，在排水的同时可兼作清通设备。

图 2-6　建筑同层检修排水系统部分特殊管件

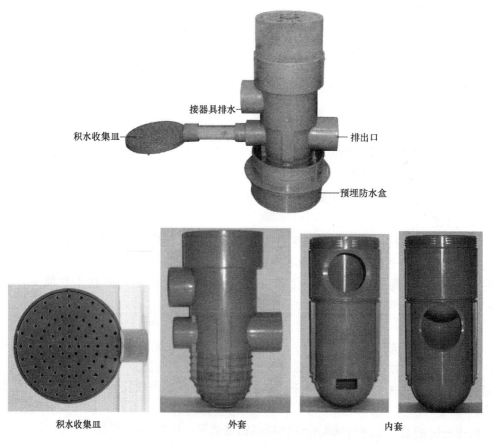

图 2-7　D-Ⅰ型同层检修地漏

图 2-8　建筑同层检修排水系统部分特殊配件

6. 通气系统

任何建筑内部排水管道内都可以看做是水气两相流。为使排水管道系统内空气流通，压力稳定，避免因管道内压力波动使有毒有害气体进入室内，需要设置与大气相连通的通气管道系统。

2.3.3　主要部件技术性能

本节重点介绍建筑同层检修排水系统所含特殊管件和特殊配件的工作原理和技术性能。

1. 加强型旋流器和底部异径弯头

加强型旋流器和底部异径弯头是建筑同层检修排水系统在排水立管上的两个重要的特殊管件，加强型旋流器在结构上主要由扩容段、上下导流叶片、横支管接口组成。横支管接口以切线形或锥形进入加强型旋流器竖直段，确保水流按照特定的下落角度切向旋流进入扩容段，并经导流叶片与排水立管下落水流有机汇合成完整连续的附壁螺旋水膜流，见图 2-9。

简而言之，加强型旋流器是排水立管与排水横支管连接的特制配件。具有形成螺旋水流、减速消能、消除水舌和保护系统水封的功能。加强型旋流器在排水量越大时，水流的离心作用越明显，附壁螺旋水膜流的形态越完整，水流越密实，这样可以有效改善排水立管的水力工况，使立管中心形成了连续的空气芯，确保了一根排水立管排水兼通气的效果，有效降低了排水系统的压力波动，保护了卫生器具水封的稳定性。

值得一提的是，旋流是有方向的，受地球自转的影响，北半球的竖直方向的水流是逆时针方向流动。因此，所有在北半球使用的加强型旋流器内置的导流叶片必须要遵循这一原则。

加强型旋流器的扩容主要基于两点：一是按终限理论，当水流占管道横断面 1/3～

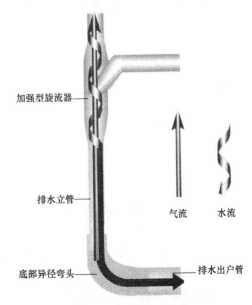

图 2-9　特殊排水单立管水流呈螺旋流态

加强型旋流器

排水立管

底部异径弯头

排水出户管

气流　水流

1/4 时，会出现水塞，水塞的下方会形成正压，水塞的上方会形成正压，从而恶化了排水管系的水力工况，而扩容可以消解水塞；二是生活废水尤其是洗涤废水会带有泡沫，在排放过程中，泡沫会堵塞气流通道，而扩容可以积留部分泡沫液，缓解排水恶化趋势，一般认为圆形断面，将水流流通面积从管内转移到管外，就达到了扩容目的。

（1）扩容段管道截面面积：

$$F' = (1+k)F \tag{2-1}$$

式中　F'——扩容段管道截面面积，m^2；

　　　　F——扩容前管道截面面积，m^2；

　　　　k——断面扩容系数。

（2）扩容段管道直径：

$$D' = D\sqrt{(1+k)} \tag{2-2}$$

式中　D'——扩容段管道直径，m；

　　　　D——扩容段管道直径，m。

（3）以三通加强型旋流器为例：

1）W3（Ⅰ）型（实测排水立管最大排水能力 8.5L/s）：$D=100mm$，$D'=164mm$；

断面扩容系数 $k = \left(\dfrac{D'}{D}\right)^2 - 1 = \left(\dfrac{164}{100}\right)^2 - 1 = 1.6896$；

扩容段管道截面面积 $F' = 2.6896F$。

2）W3（Ⅱ）型（实测排水立管最大排水能力 7.5L/s）：$D=100mm$，$D'=150mm$；

断面扩容系数 $k = \left(\dfrac{D'}{D}\right)^2 - 1 = \left(\dfrac{150}{100}\right)^2 - 1 = 1.25$；

扩容段管道截面面积 $F' = 2.25F$。

底部异径弯头用于连接排水立管与排水横干管或排出管，不仅改变了传统的采用 2 个 45°弯头对接的做法，便于施工安装，还能改善排水系统水力工况、有效降低排水立管底部正压波动、消除水跃和雍水现象等。

由加强型旋流器、底部异径弯头、排水立管、排水横干管、通气管道等共同构成建筑同层检修特殊单立管排水系统的大构架，根据长流水法测试条件，实测最大排水流量达到 8.5L/s（Ⅰ型加强型旋流器构成的特殊单立管排水系统）和 7.5L/s（Ⅱ型加强型旋流器构成的特殊单立管排水系统）。

2. 导流连体地漏

建筑同层检修排水系统首次提出整套住宅同层排水的概念，即厨房和阳台亦采用同层排水，可以通过导流连体地漏来实现，导流连体地漏不单纯是一个简单的地漏，同时还是一个内置导流叶片和局部扩容的加强型旋流器，特别适用于改善阳台含有大量洗涤泡沫废水排放的通气效果。导流连体地漏由铸铁的主体部分和塑料的附件部分共同构成自带水封地漏。

导流连体地漏的使用，实现了厨房和阳台在设置地漏情况下的不降板同层排水，实现了同层清理检修，导流连体地漏的水封强度远高于普通地漏。

3. 系统测试检查口

系统测试检查口是在普通立管检查口的基础上改进而成的，排水立管检查口的两大作用分别是排水立管堵塞时便于清通和工程验收时临时封堵排水立管。系统测试检查口的基本功能仍建立在这两大点，除了开口形状为方形外，在其上方还设有一个带螺纹的小孔，用于外接排水系统检测仪。由于系统测试检查口本身是一个特殊管件，除了铸铁材质和生产工艺要符合国家标准外，盖子和小孔的气密性也是非常重要的，通过在盖子和主体之间设置橡胶圈以达到严格密封的目的，而小孔螺纹具有一定的深度也能保证排水系统的气密性。

4. 同层检修地漏

随着人们生活水平的提高及对建筑排水系统中地漏认识的加深，传统的地漏在使用、维护等方面暴露出种种弊端，由于水封蒸发损失、自虹吸损失以及管道内气压波动等因素对地漏水封造成一定的破坏，而水封破坏后又没有及时有效的补水措施，造成排水管道内的有害气体直接逸入室内，给人们的身心健康带来潜在危害，2003 年 SARS 爆发后的香港陶大花园事件就是地漏水封破坏的典型例子，可见地漏虽小，却不容忽视。

使用较为广泛的钟罩式地漏由于水力条件差、易淤积堵塞等弊端，需要定期清通淤积泥沙、毛发和其他垃圾，并且由于部分使用人员不了解钟罩式地漏结构，直接将扣碗拔出以获得更好的地面排水效果，此时的钟罩式地漏相当于直通地漏，排水管道中的有毒有害气体轻而易举的逸入室内，污染室内环境，严重影响人们的身心健康并且存在病毒传播的隐患。《建筑给水排水设计规范》GB 50015—2003（2009 年版）已将该地漏（图 2-10）列为禁止使用产品，并重点推荐新型地漏，如具有密封防涸功能的地漏。

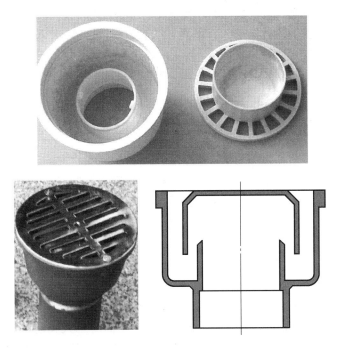

图 2-10　塑料材质和铸铁材质钟罩式地漏

同层检修地漏是一种新概念地漏，其是基于普通地漏在使用中存在的诸多问题而开发，是由一个可固定在楼板上的外套和一个可自由拔、插的内套组成（图 2-11）。同层检修地漏也是一个多通道地漏，可连接除大便器外的其他排水器具，所连接的排水器具共用

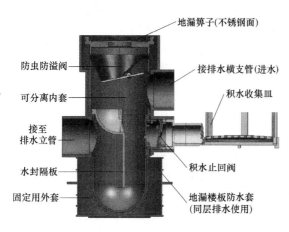

图 2-11　同层检修地漏模型剖面

（图中标注文字）
地漏箅子(不锈钢面)
防虫防溢阀
可分离内套
接至排水立管
水封隔板
固定用外套
接排水横支管(进水)
积水收集皿
积水止回阀
地漏楼板防水套(同层排水使用)

一个水封。

同层检修地漏具有以下功能：（1）地漏过水能力大，不易堵塞；（2）能同时连接多个排水器具，使水封具有主动补水功能，水封强度高，不易干涸；（3）横支管堵塞时清通、检修方便，即使异层排水，也可实现同层检修；（4）用于降板同层排水时，积水收集皿可安全可靠排除降板层内的积水。

5. 水封盒

水封盒具有与同层检修地漏相似的构造和技术性能，此处不再赘述，不同之处在于，平时上口是密封的，在堵塞清理污物时才需要将其打开。

6. 直通防臭地漏和器具连接器

直通防臭地漏和器具连接器的工作原理相似，都不带自带水封，不同规格的器具连接器与不同类型的卫生器具相连接，当排水进入直通防臭地漏或器具连接器时，其内的重力止回阀自动打开，待排水完成后再自动闭合，是一种机械密封构件，需要注意的是，这个特殊配件应用的前提是在接入立管的排水横支管上已经设置了同层检修地漏，同层检修地漏的设置位置可能与卫生器具保持较长距离，该装置的作用之一就在于最大限度的阻止同层检修地漏距排水器具管段内的气体进入室内。器具连接器与器具排水管连接部位设有密封橡胶圈，插入时通过挤压橡胶圈达到密闭，防止废水和废气外溢。

2.4　建筑排水系统综合对比

污水中都含有固体杂物，都是水、气、固三种介质的复杂运动。其中，固体物较少，可以简化为水、气两相流。呈现以下三个特点：（1）排水不均匀，排水历时短，高峰流量时可能充满整个管道断面，而大部分时间管道内可能没有水，管内自由水面和气压不稳定，水气容易掺合；（2）内部横管与立管交替连接，当水流由横管进入立管时，流速急骤增大，当水流由立管进入横管时，流速又急骤减少；（3）如建筑内部排水不畅，污水外溢到室内地面，或管内气压波动，有毒有害气体进入房间，将直接危害人体健康，影响室内环境卫生，事故危害性大。

目前，建筑排水系统根据通气方式（原理）的不同可分为普通单立管排水系统、双（三）立管排水系统、特殊单立管排水系统三大类，下面对三大类建筑排水系统从多方面进行综合对比。表 2-1 为不同类型建筑排水系统综合对比，表 2-2 为不同类型同层排水系统综合对比，表 2-3 为不同类型地漏综合对比。

从以上表格中可以看出，特殊单立管排水系统具有传统的单立管和双立管排水系统无法比拟的优势，主要有以下优势：

（1）排水流量大，接近和超过双立管的排水流量，可替代双立管排水系统；

系统名称	排水能力	上下部管件	水力学特点				气压波动	适用建筑	占用空间	建设成本	
			立管流态	支管入水流态	底部横管水流状态	水力性能				材料成本	安装成本
普通单立管排水系统	小	普通管件	水膜流水塞流	正向入水产生水舌	形成水跃壅水压力增加	流速高	大且不稳定	低层建筑	小	低	低
双立管(三立管)排水系统	大	普通管件	水膜流水塞流	正向入水产生水舌	形成水跃壅水压力增加	流速高	小且稳定	超高层建筑	大	高	高
特殊单立管排水系统	大	特殊管件	附壁螺旋流、水气分离	切向入水消除水舌	水流平滑无水跃压力小	流速低	小且稳定	高层超高层建筑	小	低	低

　　(2) 占用空间小，所需的安装空间只相当于普通的单立管系统，增加了建筑物的有效空间；

　　(3) 节约管材，与同口径的双立管排水系统相比省去了通气立管和透气管件，大大降低了材料成本；

　　(4) 节约安装费用，由于系统省去了专用通气立管，大大减少了安装所需的人工和材料；

　　(5) 单根立管兼备通水通气功能，有利于改善水力工况，提供保障室内卫生环境的大条件。

　　建筑同层检修特殊单立管排水系统除了以上列出优势外，还具有独特的优势，具体而言，建筑同层检修特殊单立管排水系统应用场所包括卫生间、厨房和阳台，该系统既可用于同层排水，也可用于异层排水，实现了除大便器外的卫生间、厨房和阳台的所有排水支管在本层套内同层清理、检修的功能。尤其是建筑同层检修排水系统开发的卫生间、厨房和阳台同层排水具有以下突出特点。

　　(1) 卫生间同层排水

　　1) 卫生间排水横支管采用生活污水和生活废水分流的排水方式，大便器排水和其他排水器具分别单独排放。改善室内环境，大便器排水产生的负压不会破坏其他排水器具的水封；生活污水排放产生的臭味不易从其他排水器具处逸入房间。

　　2) 卫生间同层排水分为降板和不降板同层排水，排放生活废水的排水器具排水须经同层检修地漏（或同层排水专用接头）排入排水立管，水封仅在同层检修地漏（或同层排水专用接头）处，其他排水器具下方无任何水封，仅使用弯头连接，同层检修地漏（或同层排水专用接头）抗管道内气压波动能力大。其水封具备主动补水的防涸功能，水封不易破坏（因为日常生活中只要有一个器具在使用就相当于所有的水封在补水）；改善排水横支管的水力工况，使排水横支管不易堵塞（因排水器具下方没有了存水弯，而平时堵塞多在存水弯处）。

　　3) 当采用降板同层排水时，具备排放降板层积水的功能，积水排放装置具备水封主动补水功能（因为排放积水的装置与其他排水器具共用一个水封，只要其他排水器具在使用，排放积水的装置相当于在补水），降板层不易产生积水，改善室内环境，使房间不易产生异味。

　　4) 具备同层检修功能（排水横支管堵塞时，可不借助任何机械工具，不伤及任何结构层和地面层即可实现本层用户在自己家里的同层检修），实现了本层用户问题在本层用户内自行轻易解决的现代家居理念。

（2）厨房和阳台同层排水

1）在设地漏的情况下可实现不降板的同层排水；

2）所设的地漏水封不易干涸，在排水时，靠重力自行打开排放阀，不排水时排放阀封闭；

3）设有的排水横支管时，使用水封盒连接排水器具，洗涤盆（池）下方无需设存水弯，堵塞时只需简单清理水封盒即可。

不同类型同层排水系统综合对比　　　　　表 2-2

排水系统（均设地漏）	卫生间布局			厨房布局		阳台布局		轻易检修性能	卫生间有效面积	支管堵塞几率	综合造价
	降板	降板高度	卫生器具任意布局	可否实现同层排水	管道布局	可否实现同层排水	管道布局				
不降板建筑同层检修排水系统（同层排水）	√	—	√	√	本层	√	本层	√	大	极小	低
降板建筑同层检修排水系统（同层排水）	√	≥100~250mm	√	√	本层	√	本层	√	大	极小	低
沿墙敷设单立管同层排水	×	—	×	×	异层	×	异层	×	小	一般	极高
传统降板式同层排水	√	≥300mm	√	×	异层	×	异层	×	大	极大	高

不同类型地漏综合对比　　　　　表 2-3

名称 \ 功能	适用范围			水封深度（mm）	水封防干涸防臭功能	水封抗压能力	流道截面净宽	可调高度	防虫功能	同层检修功能
	同层排水	积水排除	异层排水							
同层检修地漏	√	√	√	≥50	√	优	大	大	√	√
多通道地漏	√	×	√	≥50	√	优	大	小	×	×
防返溢地漏	√	×	√	≥50	√	优	小	小	×	×
直通式地漏	√	×	√	无	×	差	大	小	×	×
钟罩式地漏	×	×	×	≥50	√	差	小	小	×	×
侧排地漏	√	×	√	无	×	差	大	小	×	×

从以上各种表格来看，建筑同层检修排水系统是目前较先进的一类排水系统，符合使用单位、建设单位、设计单位和施工单位共同追求的目标，符合建筑排水系统的发展趋势和代表了建筑排水系统的前进方向。

2.5　建筑同层检修排水系统与室内环境

建筑同层检修排水系统致力于营造一个安全、舒适、卫生、安静的生活、生产环境，建筑同层检修排水系统改善室内卫生环境主要基于排水立管的通水能力和排水支管上水封稳定可靠两部分，下面重点围绕建筑同层检修排水系统如何改善和保障室内环境展开。

建筑排水系统与不良室内卫生环境的关联主要通过以下形式体现：污水冒溢、管道漏水、臭气逸出、清理检修不便、排水噪音、排水不畅等。图 2-12 为建筑排水系统各种问题示意。

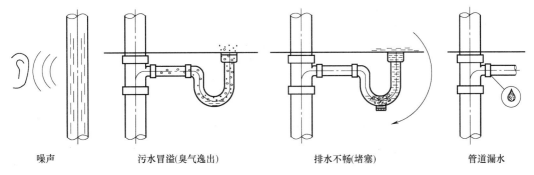

噪声　　　污水冒溢(臭气逸出)　　　排水不畅(堵塞)　　　管道漏水

图 2-12　建筑排水系统各种问题示意

由于大多数建筑排水系统排水立管所接纳的排水点少，排水历时短（几秒到 30 秒左右），具有断续的非均匀流特点。水流在排水立管内下落会夹带大量空气一起向下运动，进入排水横管后变成横向运动，其能量、流态、管内压力及排水能力均时刻发生着变化。当排水管道排水不畅或堵塞后，污水会通过卫生器具或地漏外溢到室内污染墙、地面，或使管内气压波动大，水封遭破坏，有害气体逸入室内，恶化室内环境。排水立管上接各层的排水横支管、下接横干管或排出管，立管内水流呈竖直下落流动状态，水流能量转换和管内压力变化很剧烈。因此，如何增大排水立管的通水能力一直是国内外研究的一个重点方向，建筑同层检修排水系统也不例外。排水立管水力条件的好坏，可由排水立管通水量、管内压力大小来判别，在一定压力波动范围内，通过的流量越大，建筑排水系统越好，在这一点上，建筑同层检修排水系统力求达到安全、性能与经济最佳结合。

室外污水管道中产生和存在着包括甲烷、二氧化碳、二氧化硫、硫化氢、一氧化碳、氨氮等有害气体，这些气体通过管道的连通使其存在于建筑排水系统中的每个可流动部位。水封破坏是指存水弯或水封装置内的有效水柱高度减小（水量损失），不足以抵抗排水管道内压力波动，使管道内有害气体逸入室内的现象，也是当前建筑排水系统存在着一个最大问题，并且有害气体对人体的身心健康的负面影响是长期的、不易察觉的，因此，防止管道内臭气因为水封被破坏而逸入室内也是目前建筑排水系统研究的一个热点和难点。设置通气管系的目的是保护建筑排水系统中的水封，从而保护室内的空气质量，对于双立管或三立管排水系统，造价的大幅提升终究还是水封保护的问题，还是关系到室内卫生环境的需要。

加强型旋流器特殊单立管排水系统排水时，排水立管形成连续完整的附壁螺旋水膜流，具有良好的气水分离、消除水舌、减缓流速等功效，这样在提高排水能力的同时能很好地满足通气的要求，而不至于造成水封的破坏，改善室内卫生环境，同时经静电喷塑的加强型旋流器由于采用铸铁材质片状石墨组织结构，加之内外壁涂有厚度大于 $120\mu m$ 的环氧树脂层，使其能减少排水产生的振动，能有效地降低排水产生的噪声。

建筑同层检修排水系统支管系统中采用特殊配件，如同层检修地漏和水封盒等，除了其本身具有的高水封强度防止超过设计排水流量下可能会造成水封的破坏外，所有支管均可能在本层清理检修，并且检修时无需旋开管道附件，不存在污物掉落飞溅的情况。即便管道堵塞也无需进入下层空间，防止将污水、臭气在检修时进入他户的情况。建筑同层检修排水系统不设管式存水弯，同层检修地漏的流道截面宽，降低了水流经过这类配件的噪声。建筑同层检修排水系统在投入运行使用前，特别对系统的气密性进行检测，这也反映了建筑同层检修排水系统在保障室内卫生良好环境所做的努力，并注意在后续使用过程中通过定期或不定期的检测卫生间内主要气体成分及浓度来检验室内空气环境质量。建筑同层检修排水系统从多方面提供了改善室内卫生环境的客观条件，为提高建筑室内卫生标准，打造一个安全、舒适的居住和工作环境提供了保障。

　　不健康的和令人厌恶的室内空气不仅影响人体健康，也降低了建筑物本身的价值所在。如果说排除室内被污染的空气是建筑师和采暖通风工程师的职责，那么防止污水管道中的有害气体进入室内便是给水排水工程师的任务。

第3章 建筑同层检修排水系统理论和试验

3.1 概述

建筑同层检修排水系统以水封为主线，以试验为基本手段，探索建立一套建筑同层检修排水系统基本理论体系。同时，对建筑同层检修排水系统内的各个部件直至整个系统进行有目的、有预见性的基础性试验。

建筑同层检修排水系统的基础理论体系包括：建筑排水管道系统水气流动规律、水封自身性能可靠稳定机理、外部因素对水封稳定影响机理、同层排水系统水力分析方法、建筑排水系统噪声理论、建筑排水系统卫生安全性能检测机理。

建筑同层检修排水系统开展的试验工作包括：加强型旋流器特殊单立管排水系统流量测试、立管通气系统与水封稳定的关联性试验、污水横支管推污能力试验、废水排水支管布置方式对水封稳定影响试验、同层检修地漏主要性能测试、水封自身性能试验、同层排水水力试验、等比例模拟运行试验、建筑系统噪声测试、建筑同层检修排水系统卫生安全性能试验。

建筑同层检修排水系统试验主要目的：一是研究影响排水立管气压变化的主要因素并测试建筑同层检修排水系统的立管排水能力；二是研究排水立管气压变化与水封的关系，由于地漏是排水系统的薄弱环节，因此重点研究建筑同层检修排水系统的三种地漏（D-Ⅰ型、D-Ⅱ型、D-Ⅲ型同层检修地漏）的水封稳定性能；三是研究排水管系的漏水及气密性问题，由于排水管道气密性差将造成有毒有害气体污染室内环境，因此有必要通过试验来检测管道是否存在漏水、漏气，保证建筑排水系统的安全和卫生。

任何一个建筑排水系统在投入使用之前，都需要进行模拟试验。建筑同层检修排水系统的试验项目既包括分项试验：加强型旋流器试验、同层检修地漏试验等；也包括整体试验：卫生间排水系统、厨房排水系统和阳台排水系统等。

3.2 建筑同层检修排水系统理论

3.2.1 建筑排水管道系统水气流动规律

自20世纪30年代美国国家标准局亨特率先在实验室开展建筑排水系统研究工作、奠定计算理论基础后，半个多世纪以来，业内不少专家学者一直在此基础上不断探索和总结建筑排水系统内的水气流动规律，并取得了不少实质性的成果，为完善基础理论、指导工程设计具有重要意义。

建筑排水系统是重力非满流的排水系统，排水管道存在水气混合的现象，与室外排水管道系统相比，建筑排水系统具有自身的一些特点。

（1）排水流量的时间分布很不均匀，与给水系统存在一致性，排水历时短，高峰流量时可能充满整个管道断面，而大部分时间管道内都没有水或很少量的水，这也导致了管道内，特别是立管、横干管和排出管的气压波动被大幅放大的效应。

（2）建筑内部横管与立管相连处，水流由横管进入立管时，流速瞬间增大，水气混合明显，当水流由立管再次进入横管时，流速又瞬间降低，水气分离明显。

（3）建筑排水系统设置在室内，污水成分的特殊性使其直接影响到人们居住和工作的环境，并且可能造成危害性大的卫生安全事故。

苏格兰 Heriot-WATT 大学建筑环境学院院长 John Swaffield 教授在报告中指出，排水和通气系统内瞬时气压传播决定于当前的压力波动理论，从 Joukowsky 方程可以得出，封闭住气流通道的瞬时超负荷现象会在受破坏气流中产生 40mm 水柱的压力，从而将波动压力和受破坏的速度，流体密度和波速联系在了一起。由于卫生器具排水在立管中的下落所造成的瞬时负压将取决于立管管径、最大水流速度、总排水量和侧面上升时间，幅度虽然很小，但并不表示其造成的影响也很小。

普通单立管排水系统的横管和立管内的水气流动规律有所不同，普通单立管排水系统的所接纳的排水点少，排水时间短（几秒到 30 秒左右），具有断续的非均匀流特点。水流在立管内下落过程中会夹带大量的空气一起向下运动，进入横管后变成横向流动，其能量、流动状态、管内压力及排水能力均发生变化。下面就排水横支管、排水立管、排水横干管（或排出管）的水流过程及特性作综合性概况。

（1）排水横支管

接纳各卫生器具排水并将排水送至立管是排水横支管的"职责"，以大便器排水最为不利，排水与管中原有的空气混合形成剧烈波动的气水混合流，并产生水跃现象，如果产生一定长度的满流，就会形成水塞运动，水塞运动一旦形成，就会在水塞的上游管段产生负压，水塞的下游管段产生正压，这在连接有多个大便器的情况下较容易出现。

（2）排水立管

普通单立管排水系统的立管内水流呈竖直下落流动状态，水流能量转换和管内压力变化很剧烈，普通单立管排水系统的立管中的流态大致可分为以下三种。

1）流量较小时，水流沿着管壁周边呈螺旋运动下降，随着水量的增加，螺旋运动被破坏，并且当水量足够覆盖住管壁时，完全停止了螺旋流。水流附着管壁而作水片下落的附壁流。

2）当流量继续增加到足够大时，由于空气的阻力和管壁的摩擦作用而形成水的隔膜运动。水膜运动开始后便以加速度下降，下降到一定的距离后，当水流所受管壁摩擦力与其重力平衡时，便做匀速运动，水膜厚度不再变化。此时的速度即为水膜流的"终限流速"，自水流入口处至形成终限流速的距离成为"终限长度"。对于一定的管径，如果流量越大，其终限流速及终限长度也越大。

3）当水量更大时，即水流充满立管断面的 1/3 以上时，水膜的形成更加频繁，以至于容易变成较稳定的水塞运动。水塞的形成会引起立管内气压激烈波动，容易破坏排水水封。

（3）排水横干管（或排出管）

根据国内外的实验研究，立管内竖直下落的污水具有较大的动能，进入横干管（或排出管）后，横管中的水流状态可分为急流段、水跃及跃后段、逐渐衰减段，见图 3-1。急流段水流速度大，水深较浅，冲刷能力强。急流段末端由于管壁阻力小，能量逐渐减小，水深逐渐减小，趋于均匀流。竖直下落的大量污水进入横管形成水跃，管内水位骤然上升，甚至充满整个管道断面，使水流中夹带的气体不能自由流动，短时间内立管底部附近压力突然增加。

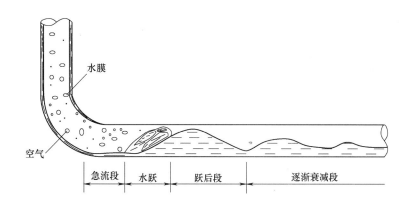

图 3-1　排水横干管（或排出管）水流状态

3.2.2　水封基础理论

水封基础理论可以分为水封自身性能和外部因素对水封稳定的影响两个方面，不但要充分了解水封的作用、水封的破坏和水封的规定，还要关注水封本身性能，以及外界因素可能对水封造成的不利影响。

1. 水封自身性能

对水封稳定可靠性的认识主要归结于水封高度，但实际上，水封本身稳定与否还与其构造有很大关系，迄今为止，人们还未能对各种形式的水封作出一个较为客观的性能评价，缺少这么一个评价体系就不能很好地区分各种水封的优劣。比如水封高度，虽然高度值越大，阻止排水管道内气体进入室内的效果越好，但却牺牲了排水效果，容易淤积堵塞导致排水不畅，水封装置应兼顾排水效果和阻气效果，以目前使用最多的"P"形存水弯为例，通过改变诸如水封高度、出水侧和进水侧平面截面积之比、存水量等条件即可获得不同的水封测试结果。

水封高度、水封容量、水封比等参数是水封自身重要性能参数，此外水封进水水流方向、出水水流方向和连接排水立管水流方向三者之间的关系以及水封结构形式等也是水封自身重要性能，一个自身性能好的水封是各项性能的综合体现。下面简单比较普通水弯（P弯、S弯）与同层检修地漏水封的水封高度、水封容量、水封比这三个参数。图 3-2 为三种水封示意。

由表 3-1 可知：同层检修地漏在水封高度、水封比和水封容量三个参数都比普通存水弯（P弯或S弯）略大，必须指出不是所有参数越大越好，比如水封比大一些好，但有一定的范围。应特别强调一个自身性能好的水封是各项性能的综合体现，而不是片面去强调某个参数的大小。

三种水封三个主要参数比较 表 3-1

名称 参数		① P弯或S弯（DN50）	② 同层检修地漏水封	②/①
水封高度（mm）		50	53	1.06
水封比	出水侧断面积（mm²）	1963.50	2310.64	—
	进水侧断面积（mm²）	1963.50	1805.19	—
	水封比参数	1.00	1.28	1.28
水封容量（mm³）		196350.00	218138.99	1.11

注：普通存水弯（P弯或S弯）计算内径按50mm。

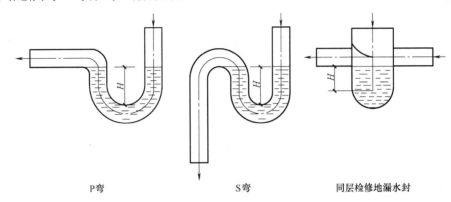

P弯　　　　　　　　　　S弯　　　　　　同层检修地漏水封

图 3-2　三种水封示意

2. 外部因素与水封稳定

外部因素对水封稳定的影响主要有两种形式，包含五种作用：（1）静态影响形式：包含蒸发作用和毛细管作用两种；（2）动态影响形式：自虹吸作用、诱导虹吸作用和正压喷溅作用三种。

（1）蒸发作用

由于存在蒸发现象，水封的静态破坏时刻存在，国内有学者经过短期局部试验，获得了室内水封蒸发率约为2mm/d的数据，这只是一个粗略的数据，影响水封蒸发的主要因素有环境温度、相对湿度以及气体流速等。根据自然规律，水分蒸发量和周围空气温差成正比，与蒸发面积和气体流速亦成正比，但与相对湿度（压力）成反比。

温度表征的是液体分子的平均运动动能，温度越高，液体分子平均运动动能越大，越容易挣脱液面对液体分子的束缚，因此，温度越高，水封蒸发速率越快。据有关文献，市场上水封高度为50mm的DN50规格"P"型存水弯经过20d的自然蒸发后，封水量将全部蒸发消失。图3-3为水封蒸发作用示意。

（2）毛细管作用

在存水弯溢水口位置跨挂纤维物质（如线头），会因为毛细管作用而造成水封损失甚至破坏。毛细管作用造成水封损失与水封形状、水封形式、水封深度、水封容量以及纤维物质种类、数量与附着状态有关。据文献记载，管径为25mm的存水弯附着丙烯腈线头时，一个线头约14h，三个线头约6h后，存水弯的水封就会破坏。图3-4为水封毛细管作用示意。

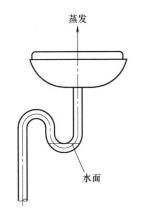

图 3-3 水封蒸发作用示意

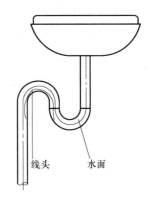

图 3-4 水封毛细管作用示意

（3）自虹吸作用

自虹吸作用是指卫生器具在瞬时大量排水的情况下，存水弯自身充满而形成虹吸，排水结束后，存水弯内水封损失。这种情况多发生在卫生器具底盘坡度较大呈漏斗状，存水弯的管径小，无延时供水装置，在坐便器冲水或洗脸盆先存水再排水时容易出现自虹吸损失。图 3-5 为水封自虹吸作用示意。

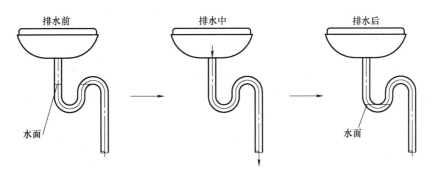

图 3-5 水封自虹吸作用示意

（4）诱导虹吸作用

诱导虹吸作用（又称为负压抽吸损失）主要是由于排水立管内压力波动造成，在存水弯出口侧产生的负压抽吸作用导致水封损失。这种情况与建筑排水系统整体结构有关，多发生在接入排水立管上部的排水水封，为了防止过度负压抽吸造成水封被直接破坏，立管通气系统的设置就显得尤为重要，换言之，立管的最大设计排水能力应足够满足立管的最大设计排水负荷。图 3-6 为水封诱导虹吸作用示意。

以钟罩式地漏为例说明诱导虹吸损失对水封容量和水封高度的影响。图 3-7 为钟罩式地漏水封构造示意图，水封出口侧截面积为 S_1，水封进口侧截面积为 S_2，水封初始高度为 H，在忽略中间隔板面积并假定水封装置呈规则圆柱体几何形状的情况下，以水封储水量（水封容量）为研究对象，水封储水量为

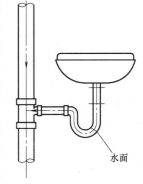

图 3-6 水封诱导
虹吸作用示意

$(S_1+S_2)\cdot H$，在负压为 P 作用下，作用面与大气压相接触的水封面存在高差 h，并符合 $P=\rho gh$。因此，损失水量为 $S_2\cdot h$，剩余水量为 $(S_1+S_2)\cdot H-S_2\cdot h$，剩余水封高度为 $[(S_1+S_2)\cdot H-S_2\cdot h]/(S_1+S_2)$。

（5）正压喷溅作用（又称正压溅出损失）

这是由排水系统管道内正压增大而产生的现象，这种情况与建筑排水系统整体结构有关，在工程设计中应予以特别重视，改进方法主要在于增强通气系统的功能。图 3-8 为水封溅出作用示意图。

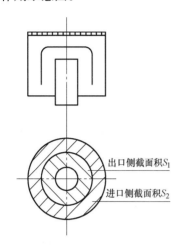

图 3-7　钟罩式地漏水封构造示意

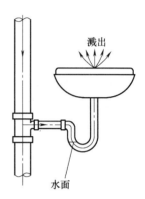

图 3-8　水封溅出作用示意

3.2.3　同层排水系统水力分析

建筑同层检修排水系统的同层排水主要分为降板同层排水和不降板同层排水两种。降板同层排水系统在我国应用较多，并且仍在不断推广普及，在工程实践中也暴露了一些问题，如过分追求少降板造成管道坡度不足，排水不畅的情况较为常见。既要保证水流携污能力，又要保证不会因流速过大造成地漏返溢，特别应重视坐便器排水对地漏的负面影响。

主要从排水水头出发，经过阻力消耗，同时要兼顾水流携污能力和水流返溢问题，主要内容：不同排水初始水头（不同降板高度）、不同管道布置方式、不同管道坡度之间的关系，特别是如洗脸盆或浴盆在满水状态下突然放水时将造成的影响，主要包括局部水跃和管内充满度等问题。

图 3-9 为降板同层排水水力分析模型示意，图 3-9（a）为所有卫生器具直接连接在排水横支管上（呈直线连接），主要是建立降板高度 H 与排水横支管坡度 I 之间的水力关系；图 3-9（b）为所有卫生器具与排水横支管通过横向短支管连接（不在一条直线上），主要是建立降板高度 H、排水横支管坡度 I 与横向短支管 L_1、L_2、L_3 之间的水力关系。

3.2.4　建筑排水系统噪声理论

主要研究不同建筑排水管材（铸铁管、PVC-U 塑料管、PE 管、螺旋管等）的噪声、不同建筑排水系统的立管和支管噪声（建筑同层检修排水系统、普通单立管排水系统、普通双立管排水系统）。这涉及实验室测试和现场测试两个方面。

根据建筑声学原理，一个振动的表面向所有方向辐射声音，在靠近点声源表面处的声

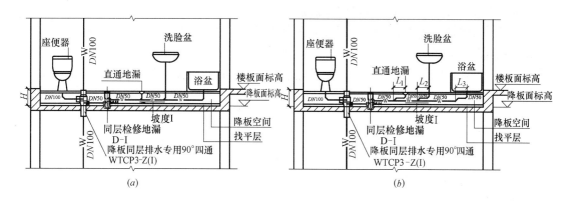

图 3-9　降板同层排水水力分析模型示意

波形状如图 3-10 所示。但由于压力波的扩展，声波的形状将变成球面，声波的传播方向可用声线表示。球面波的扩展导致了声音强度随着声源距离的增加而迅速减弱，这种单个点声源的波长比所辐射的声波波长要小得多。

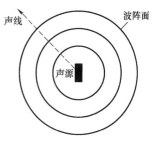

图 3-10　声波形状

如果把许多很接近的单个点声源沿一直线排列，就形成了"线声源"，这种声源辐射柱面波。实际生活中，火车在轨道上行驶、成行的车辆以及在工厂中排列成行的同类型机器就是拉长了的声源。水流在建筑排水管道中的流动可视为许多很靠近的单个点声源沿一直线排列而形成的线声源，管道中水流声源的声波向外传播方式可视为柱面波。因此，试验测点的位置可布置在假想柱面上，用于测试研究排水管道声波传播规律，如图 3-11 所示。

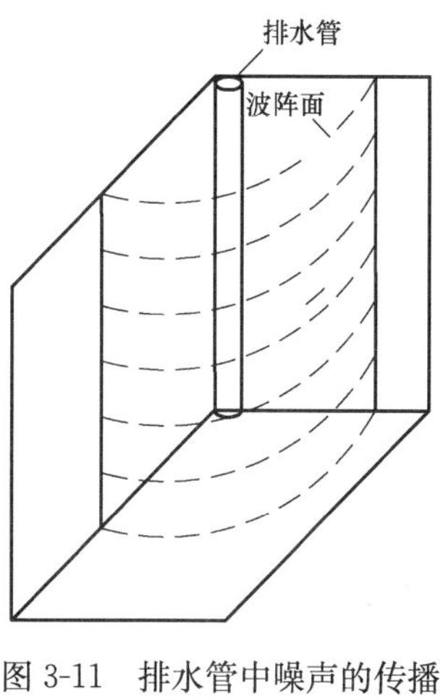

图 3-11　排水管中噪声的传播

3.2.5　建筑排水系统卫生安全

保障建筑排水系统使用过程中的卫生安全，这是建筑排水系统应具备的最直接最基本的要求。建筑排水系统的卫生安全问题多以管道渗漏、管道堵塞、排水不畅、返臭、污水返冒的形式表现出来，其中地漏返臭问题最为普遍，危害性也最值得引起注意。

卫生间的地漏及便器容易散发难闻的臭味，如臭味来源于排水立管，可能含有硫化氢、氨、甲硫醇、吲哚、甲烷、乙烷等气体，这些气体不仅有臭味，有的还有较强的毒性，如硫化氢等。为了消除卫生间的臭味，人们常采取喷洒香水或放一个较长时间释放香味的"空气清香盒"，其实，这些方法是不可取的，也是极不科学的，只是用一种气味掩盖另一种气味而已，没有从根本上消除臭污染。同时也应注意：香水也好，"空气清香盒"也好，长期使用对一些人来说是有害的，可能会引起过敏性疾病，包括哮喘、皮肤痒等。人工合成的芳香剂大都是有一定毒性的有机化合物。因此，不应采取喷洒香水或放置"空气清香盒"的办法掩盖卫生间的臭味，而应该找出问题的根源所在，并及时采取解决措施。

建筑同层检修排水系统以国家相关标准为准则，通过试验和测试等手段，建立了一套保证卫生间、厨房和阳台等排水系统卫生安全基本理论体系，基于这理论体系的要求开发了地漏返溢装置、地漏密闭装置、直通式地漏、器具连接器等保证建筑同层检修排水系统卫生安全的产品。

3.3 建筑同层检修排水系统试验

3.3.1 特殊单立管排水系统流量测试

特殊单立管排水系统是建筑排水系统的一个大类，其排水能力的大小显得至关重要，国内对立管排水能力的评判经过从理论计算到实测的过程，实测结果更符合排水规律、更加科学客观。本节对排水流量的测试作方法、测试手段等作简要介绍。

加强型旋流器和底部异径弯头分别作为特殊单立管排水系统中立管的上部特殊管件和下部特殊管件，与排水立管、排水支管、伸顶通气管、其他普通管件和配件共同构成了加强型旋流器特殊单立管排水系统。人们最关心的是将特殊管件应用到排水系统后，排水立管的最大排水能力有多大，对改善建筑排水系统水力工况能起到多大效果。

国内特殊单立管排水系统主要集中在湖南大学土木工程学院实验楼进行流量测试，下面简要介绍 WAB 加强型旋流器特殊单立管排水系统流量测试的测试装置、测试要求、测试仪表、放水条件、测试指标与测试方法、测试结果分析等内容。图 3-12 为排水立管流量测试装置示意。

1. 测试装置

(1) 测试立管高度为 34.75m；

(2) 测试装置最高排水横支管与排出管高差大于 30m；

(3) 测试装置模拟层高为 2.8m。

2. 测试项目

WAB 加强型旋流器特殊单立管排水系统排水立管的最大排水能力。

3. 测试要求

(1) 排水立管垂直设置，垂直度偏差每 1m 不大于 3mm；

(2) 排水横管坡度设置，坡度采用标准坡度，排水横支管坡向排水立管，排出管坡向回用水积水坑；

(3) 每层有排水横支管接至排水立管；

(4) 每根排水横支管按一个 100mm P 型存水弯、一个 75mm P 型存水弯和一个 50mm 地漏（已封闭）；

(5) 存水弯的水封深度均为 50mm；

(6) 存水弯距排水立管距离和存水弯之间的距离应符合图 3-12 的要求；

(7) 在存水弯上应设 $\Phi 10$ 透明连通管，以观测存水弯水位变化情况；

(8) 排出管长度从立管中心线算起等于 2m；

(9) 伸顶通气管应伸出屋面，出屋面高度和通气帽形式和设置应符合现行规范要求；

(10) 管材、管件和管径应按照测试对象确定。

4. 测试仪表

（1）气压测试仪表采用压力变送器；

（2）压力变送器采用西安新敏电子科技有限公司的 CYB13 系列隔离式压力变送器，量程为 $-200\sim1000mmH_2O$。传感器的精度为 0.1％（即可精确到 $1mmH_2O$）；

（3）测压点设在离立管中心 450mm 的每层支管上，压力波动压力波动控制在 $\pm400Pa$ 内。流量稳定 40s 后开始测定数据；

（4）气压采集时间间隔应为 0.05s、0.5s 两种，压力按峰值取值；

（5）采样由 USB 数据采集器（型号为 XM-USB2-4）控制，采集器通过 USB 接口与电脑连接，并由电脑对采集器进行控制，记录下各测量点的气压波动曲线图。

5. 放水条件

（1）用闸阀和流量计控制放水量，流量计可采用玻璃转子流量计，精度等级不低于 1.5 级；

（2）放水量为恒定流（常温）；

（3）放水量最小值应为 0.25L/s，递增量应为 0.25L/s，每层放水量最大不得大于 2.5L/s，放水从顶层开始，逐层向下，依次类推；

（4）不得出现每层都放水，放水量都小于 2.5L/s 的放水工况；

（5）水为清水，以自来水为水源，循环使用。

6. 测试指标与测试方法

（1）压力波动控制应小于及等于 $\pm400Pa$；

（2）水封损失值一次损失控制应小于及等于 25mm，（以 $De110$ 存水弯为主要观测对象，其余仅作参考）；

（3）在同一条件下应进行 2 次试

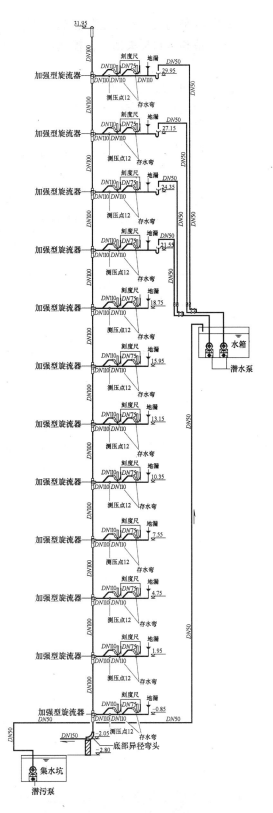

图 3-12　排水立管流量测试装置示意

验，测定结果取平均值，2 次的值差异比例超高 10％时应重新测试；

（4）压力值和水封损失值双控模式，应以压力值为主控项目，按此确定排水立管最大排水能力；

（5）采集时间间隔应为 500ms、50ms；

（6）测试前应对系统进行气密性试验。

7. 测试结果分析

WAB 加强型旋流器特殊单立管排水系统在湖南大学排水塔进行测试，1～8 层为测量层，9～12 层为放水层，每层最大放水流量为 2.5L/s，压力采集间隔为 500ms。表 3-2 为 WAB 加强型旋流器特殊单立管排水系统部分测试数据。

WAB 加强型旋流器特殊单立管排水系统部分测试数据　　　表 3-2

序号	流量 (L/s)	压力 (Pa)	楼层							
			1	2	3	4	5	6	7	8
1	6.5	正压	122.11	141.52	160.38	234.79	74.25	124.71	31.63	13.90
		负压	−20.36	−42.58	−16.25	−55.39	−176.91	−129.28	−196.22	−186.23
2	7.5	正压	95.69	138.62	146.48	126.33	61.37	148.10	42.42	12.96
		负压	−59.35	−92.83	−8.14	−147.50	−182.64	−111.23	−186.52	−253.34
3	8.5	正压	126.33	152.47	173.28	126.34	68.21	194.23	115.86	46.01
		负压	−122.55	−132.62	−42.81	−208.09	−324.29	−206.57	−224.49	−265.30

从上表可以看出，系统的最大正压值为 234.79Pa，系统的最大负压值为−324.29Pa，根据目前普遍以−400Pa 作为水封临界破坏的边界条件，将各流量值下对应的最大负压值连成趋势线。图 3-13 为排水流量与对应最大负压趋势线。

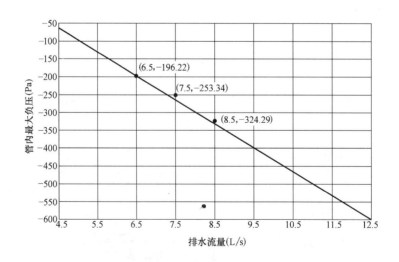

图 3-13　排水流量与对应最大负压趋势线

从图 3-13 可以得出趋势线线性方程为 $y=−66.8x+240$，预计当流量增大至 9.6L/s 时，将会出现−400Pa 的负压上限。

3.3.2 立管通气方式与水封稳定的关联性试验

1. 试验目的

通过模拟不同类型排水立管通气方式（普通单立管排水系统、双立管排水系统、特殊单立管排水系统）在相同条件下对水封的影响，建立水封破坏与排水立管内气压波动（特别是负压抽吸）之间的关系。目前，各种类型的建筑排水系统都是依据实测排水流量为基准，为工程提供设计参数。本试验以相同排水流量的大小，直接观察不同类型排水立管通气方式对于水封的影响，通过对比，就可以很直观的得到不同类型排水立管通气方式对水封影响的结果。图 3-14 为不同排水立管通气方式对水封影响比较试验示意。

2. 试验装置

PVC-U 塑料排水管（$dn110$）、H 管（$dn110$）、加强型旋流器、铸铁排水管（$DN100$）、存水弯（透明材质，$dn32$）、阀门、水箱及其他若干管件。

3. 试验方法

同时开始放水，并且放水阀门的动作保持一致，观察存水弯内水封的变化情况，再将分别存有同等水量（分别贮水 2L、4L、6L 等）的小水箱放水，观察存水弯内水封变化情况。

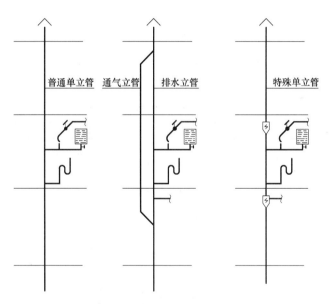

图 3-14 不同排水立管通气方式对水封影响比较试验示意

3.3.3 污水横支管推污能力试验

1. 规范规定的试验方法

（1）试验目的

污水横支管推污能力与卫生器具的节水能力息息相关，毋庸置疑污水横支管推污能力越强，卫生器具就越节水，即可用较少的流量排除污物。

（2）试验方法

《卫生陶瓷》GB 6952—2005 对大便器的排水管道输送特性做了规定，并给出了试验方法：坐便器及排水管道安装如图 3-15 所示，将 100 个直径为（19±0.4）mm、质量为

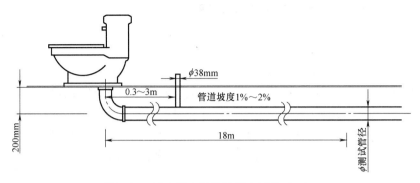

图 3-15　污水横支管推污能力试验（一）

（3.01±0.15）g 的实心固体球轻轻投入坐便器中，球在沿管道方向传送的位置分为八组进行记录，代表不同的传输距离，其中，将 18m 排水横管分为六组（0～18m 每 3m 为一组），残留在坐便器中的球为一组，冲出排水横管的球为一组。

（3）试验结果

该测试方式的计算方法为：

加权传输距离＝每组的总球数×该组平均传输距离；

所有球总传输距离＝加权传输距离之和；

球的平均传输距离＝所有球总传输距离÷总球数。

表 3-3 为污水横支管推污能力试验记录表。

污水横支管推污能力试验记录　　　　　表 3-3

组别	第一次	第二次	第三次	每组总球数	平均传输距离(m)	加权传输距离(m)
坐便器内	5	2	7	14	0	0
0～3	14	22	15	61	1.5	76.5
3～6	8	9	6	23	4.5	103.5
6～9	5	2	4	11	7.5	82.5
9～12	2	0	3	5	10.5	52.5
12～15	5	8	2	15	13.5	202.5
15～18	9	12	7	28	16.5	462
排出管道	52	45	56	153	18	2754
总球数	3×100＝300					
所有球总传输距离＝各加权传输距离之和：3733.5m						
球的平均传输距离：12.4m						

注：《卫生陶瓷》GB 6952—2005 中对于球的平均传输距离规定为不小于 12m。

2. 对比试验

为了更好地模拟实际排水管道的推污能力，在规范的试验方法的基础上结合国外的试验方法对规范的试验方法进一步的探究。

（1）对比试验装置与规范规定的试验方法的试验装置相同，模拟污物除了《卫生陶瓷》GB 6952—2005 中规定的 100 个实心固体球外，另增加 2 个相对密度约为 1.06、尺寸为 φ25mm×80mm 的 PVC 海绵条（按日本 BL A-7 标准规定制定）和 6 个用 140mm×（115±5）mm 的纸张所做成的直径 60～70mm 纸团（纸质及纸团的制作方法均按澳大利亚国家标准 AS1172.2 规定执行）的模拟污物。

（2）根据实际工程中常见的排水管道布置方式，增加了一个90°弯头和一段1m长短管，如图3-16所示。

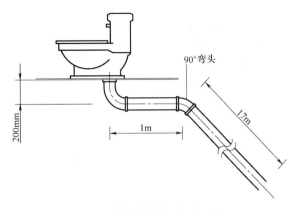

图 3-16　污水横支管推污能力试验（二）

3. 两种方法试验结论

（1）两种试验方法，即两种试验装置（图3-15和图3-16）和两种模拟污物测试排水管道的推污能力。以不同管径（$DN75$，$DN100$）和不同排水管道坡度（1‰、2‰）进行试验，可以得出在最佳污水横支管推污能力时，排水管管径和排水坡度的组合。

（2）通过两种方法试验可以得出以下几点结论：

1）在相同条件下，图3-15方法试验污水横支管推污能力比图3-16方法试验污水横支管推污能力强，这说明管道转弯对推污能力有一定的影响；

2）当使用6L冲洗水量的节水型坐便器时，坐便器的构造对输送性能影响较大；

3）采用$DN75$的管道推污能力要优于$DN100$管道的推污能力，这主要是由于相同流量下$DN75$管道的流速要大于$DN100$管道的流速；

4）坡度越大，管道推污能力越强。

4. 试验结果对建筑同层检修排水系统的影响

现行国家规范规定连接大便器的排水管管径不得小于$DN100$，按不利的图3-16方法试验，在选用构造合理的坐便器情况下，污水横支管最小的推污能力都大于5m。建筑同层检修排水系统在工程应用中，通常排水横支管为污废分流设置，坐便器离排水立管的距离均小于5m，建筑同层检修排水系统污水横支管推污能力满足节水型大便器使用的要求，不会产生污物滞留在排水管道内的现象，从而避免了相应的卫生问题。

3.3.4　废水排水支管布置方式对水封稳定影响试验

1. 试验目的

以洗脸盆作为试验对象，通过调整废水横支管与楼板底之间的高差、改变下方排水短立管和排水横支管的管径这三个因素，测试不同试验条件下的存水弯剩余水封高度。

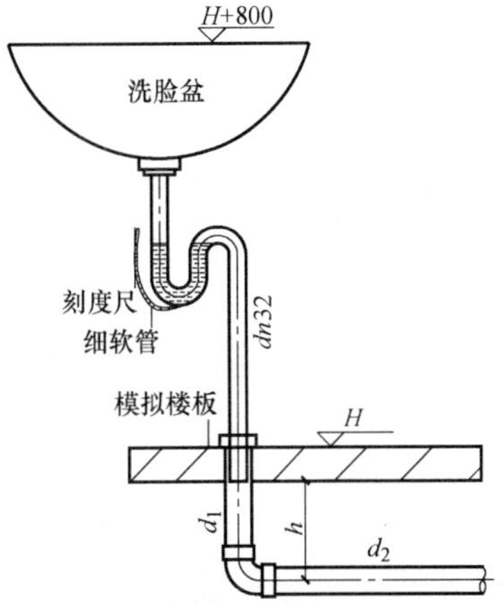

2. 试验装置

洗脸盆1个（有效容积10L）；塑料存水弯一个（$dn32$）；刻度尺一把（精度1mm）；细软管一根；其他若干管材管件。试验装置示意参见图3-17。

3. 试验方法

改变废水横支管距楼板底的安装高度h、改变短立管管径d_1、改变横支管管径d_2，洗脸盆先贮水至溢流口并确保试验前初始水封高度为50mm，一次性放空后，通过细软管内水位的变化读取存水弯内水封的变化情况并记录数据。

图 3-17　试验装置示意

试验参数设定如下：

（1）h 分别取值 200mm、225mm、250mm、275mm、300mm；

（2）d_1 分别采用 32mm、50mm 两种规格的管径；

（3）d_2 分别取 50mm、75mm、100mm 三种规格的管径。

4. 试验分析

共有 30 种不同组合，现以废水横支管距楼板底的安装高度 $h=225$mm 为例，得出的试验数据参见表 3-4。

洗脸盆存水弯内水封高度测试数据 （$h=225$mm） 表 3-4

组合序号	H(mm)	d_1(mm)	d_2(mm)	剩余水封高度(mm)
1	225	32	50	18
2	225	32	75	24
3	225	32	110	28
4	225	50	50	20
5	225	50	75	28
6	225	50	110	36

由表 3-4 可知：当废水横支管距楼板底的安装高度 $h=225$mm 时（其余试验情况类似），洗脸盆储水一次性放空后，剩余水封高度均不足 40mm。只有当短立管管径 $d_1=50$mm、横支管管径 $d_2=110$mm 时，剩余水封高度为 36mm，其他五种组合剩余水封高度均小于 30mm，难以再次抵抗管道内气压的变化。因此传统多个存水弯设置方式的水封稳定性能是令人担忧的，由于普通存水弯（P 弯或 S 弯）构造的局限性很难保证其水封的稳定性，因此必须拓宽思路开发新型水封装置替代普通存水弯。

建筑同层检修排水系统摒弃传统存水弯设置方式，建筑同层检修排水系统不设普通存水弯（P 弯或 S 弯），改进水封自身性能和设置方式，从而确保了建筑同层检修排水系统水封稳定性。

3.3.5 同层检修地漏主要性能测试

同层检修地漏是建筑同层检修排水系统的核心部件之一，对同层检修地漏进行全面的测试以检验其性能是否符合预期并且为工程应用提供技术支撑。图 3-18 为模拟同层检修排水系统测试装置示意，图 3-19 为同层检修地漏的测试平台。

建筑排水系统中一定高度的水封是否遭遇破坏与管内气压变化、水蒸发率、水量损失、水中杂质的含量及相对密度等因素有关。水封高度过大，抵抗管内压力波动能力强，但器具排水的流速不能将污水中固体杂质带到排水立管，易堵塞管道；水封高度太小，污水中固体杂质不易沉积，但抵抗排水管道内压力波动能力差，排水管道内气体易进入室内，污染室内环境。目前，《建筑给水排水设计规范》GB 50015—2003（2009 年版）规定水封的深度不应小于 50mm。

1. 检测项目与测试项目主要内容

（1）检测项目主要内容：本体强度、本体壁厚、过水断面面积、调节高度、水封深度。

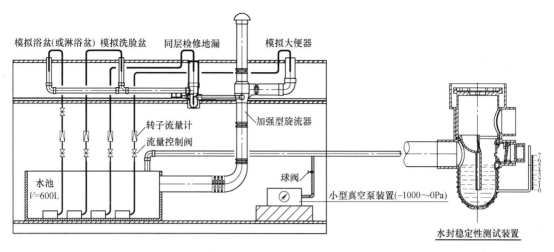

图 3-18　模拟同层检修排水系统测试装置示意

图 3-19　同层检修地漏的测试平台

（2）测试项目主要内容：排水流量、自清能力、耐热性能、水封稳定性、积水止回阀开启性能、积水止回阀最大允许返流量、不易堵塞性能、同层检修性能。

2. 测试项目参数要求

同层检修地漏测试项目参数要求以《地漏》CJ/T 186—2003 和《同层检修地漏》Q/WAB 001—2011 规定的为准。

（1）排水流量

同层检修地漏最小流量应符合表 3-5 的规定。

地漏最小排水流量　　　　　　　　　　　　　　　　　　　　　　　表 3-5

规格 dn	用于地面排水（L/s）	用于器具排水（L/s）
50	1.00	1.25

（2）自清能力

同层检修地漏为可拆卸清洗自带水封地漏，其自清能力应达到 80% 以上。

（3）耐热性能

地漏本体及各个部件应能承受 75℃水温 30min，不变形、不渗漏。

（4）水封稳定性

同层检修地漏在正常排水的情况下，当排水管道负压为（－400±10）Pa 并持续 10s 时，地漏中的水封剩余深度应不小于 20mm。

（5）积水止回阀开启性能

同层检修地漏的积水止回阀应在当积水收集皿存有 100mL 水时自动开启。

（6）积水止回阀最大允许返流量

积水止回阀在各种工况下的最大允许返流量应符合表 3-6 的规定。

积水止回阀最大允许返流量 　　　　　　表 3-6

排水器具 （同时使用）	排水流量 （L/s）	排放时间 （min）	最大允许返流量 （mL）	最大允许溢出 积水收集皿流量（mL）
浴盆	1.0	4	100	0
淋浴器	0.15	30	100	0
洗脸盆	0.25	5	100	0
家用洗衣机	0.50	4	100	0
浴盆、洗脸盆	1.25	4	140	40
淋浴器、洗脸盆	0.40	30	120	20
浴盆、家用洗衣机	1.50	4	160	60
洗脸盆、家用洗衣机	0.75	4	100	0
淋浴器、家用洗衣机	0.75	30	130	30

（7）不易堵塞性能

同层检修地漏应具备使其所连接的排水器具下方的排水横支管及地漏本身不易堵塞的性能。

（8）同层检修性能

同层检修地漏在所连接的排水器具下方的排水横支管及地漏本身产生堵塞时，在不借助任何清通工具，不伤及结构层、地面、地砖层情况下，能实现本层用户内清理检修。

3. 主要参数测试方法

（1）排水流量测试

1）地漏排水流量测试（测试装置见图 3-20）

地面排水淹没水深恒定在 15mm 时，用流量显示器直接读出进水流量，其数值即为地面排水流量。同样试验进行两次，两次误差值不超过 50mL/s。以两次平均值作为测试结果。

2）多通道排水流量测试（测试装置见图 3-21）

往水槽 1 和水槽 2 分别注入 120L 和 3L 水，同时调节水槽 1 排水量，控制地漏口不溢流时放水。用量筒测量水槽排水量，用秒表记录排放时间［时间控制在（60±5）s］。计算水量和时间的比值即为该地漏的排水流量。

（2）自清能力测试

1）有水封地漏自清能力测试（测试装置见图 3-22）

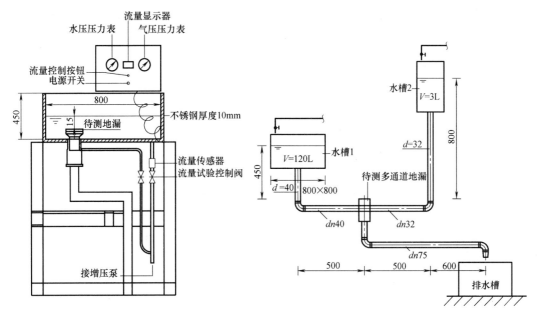

图 3-20　地漏排水流量测试装置示意　　　　图 3-21　多通道地漏排水流量测试装置示意

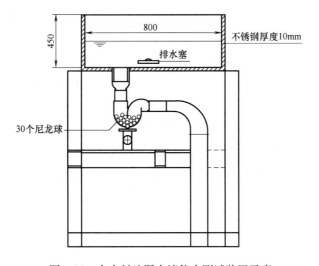

图 3-22　有水封地漏自清能力测试装置示意

① 确认地漏规定的水封深度后，将 30 个直径 4mm、30 个直径 8mm 尼龙球（密度 1.10～1.15kg/dm³）放入地漏的水封部分。

② 塞住试验装置的水槽排水口，水槽内装入 5L 水量；拔出排水塞，待全部水排出后，计算排出地漏的尼龙球数。反复三次，计算三次排出地漏的尼龙球数的平均值。

2）多通道自清能力测试（测试装置见图 3-23）

① 确认地漏规定的水封深度后，将 30 个直径 4mm 尼龙球（密度 1.10～1.15kg/dm³）放入地漏的水封部分。

② 塞住试验装置的水槽排水口，在水槽 1 或水槽 2 内装入 5L 水量；拔出排水塞，待全部水排出后，计算排出地漏的尼龙球数。反复三次，计算三次排出地漏的尼龙球数平

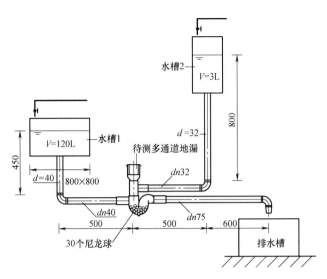

图 3-23　多通道地漏自清能力测试装置

均值。

3）模拟卫生器具排水自清能力测试（测试装置见图 3-24）

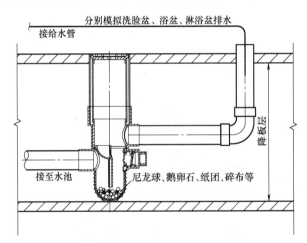

图 3-24　模拟卫生器具排水自清能力测试装置

① 确认地漏规定的水封深度后，将 30 个直径 4mm 尼龙球（密度 1.10～1.15kg/dm³）和鹅卵石、纸团、碎布等若干（不同组合多组）放入地漏的水封部分。

② 分别模拟洗脸盆、浴盆和淋浴盆的排水，以及洗脸盆、浴盆和淋浴盆不同组合的排水，待全部水排出后，计算地漏内剩余杂物数。反复三次，计算三次地漏内剩余和排出的杂物数平均值。

（3）耐热性能测试

封住地漏的排水口，在地漏内装满 75℃ 的热水，放置 30min 为一个循环，反复三次。

（4）水封稳定性测试

1）真空泵法测试（测试装置见图 3-25）

开启真空泵抽真空，使管道压力降为 （−400±10）Pa ［（−40±1)mmH₂O］，持续 10s。

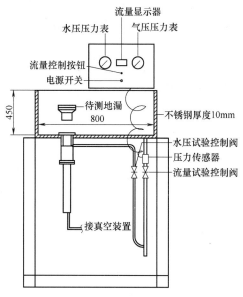

图 3-25 水封稳定性能测试装置示意（一）

2）点滴法测试（测试装置见图 3-26）

开启滴定用玻璃球软管，使管道压力降为（-400 ± 10）Pa [（-40 ± 1）mmH_2O]，持续 10s。

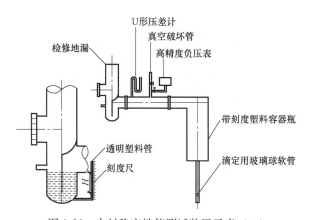

图 3-26 水封稳定性能测试装置示意（二）

（5）积水止回阀开启性能测试（测试装置见图 3-18）

1）测试方法

在模拟的降板卫生间的表面倒入一定量的水，水沿着细孔渗入降板层内，沿着降板层内的地面坡度，流入积水收集皿。流入积水收集皿的水不能露出积水收集皿（积水收集皿容积为 100mL）的上表面，就能及时排入排水立管。

2）观察内容

① 漏水是否会从积水收集皿处流入排水立管；

② 渗多少水量时才能从积水收集皿处流入排水立管。

（6）积水止回阀最大允许返流量（测试装置见图 3-18）

测试卫生器具各种排水方式组合时，排水从积水收集皿排放口返流入积水收集皿内的状况，不超过积水收集皿的上表面视为合格，反之不合格。

1）测试方法

① 找出哪种排水方式组合时，排水从积水收集皿排放口返流入积水收集皿内；

② 各卫生器具排水流量按《建筑给水排水设计规范》GB 50015—2003（2009 年版）第 4.4.4 款规定取值，排水时间按各卫生器具最大容量所需排放时间的 15～20 倍计算取值。

2）测试示例

① 浴盆计算储水容量为 120L，其排水流量为 1.0L/s，故正常排完 120L 水需 120s。测试时，排水流量按 1.0L/s，排放时间按 120s×20 倍＝2400s，即 40min。

② 大便器计算储水容量为 6L，其排水流量为 1.5L/s，故正常排完 6L 水需 4 s。测试时，排水流量按 1.5L/s，排放时间按 4s×20 倍＝80s。

③ 洗脸盆计算储水容量为 6L，其排水流量为 0.25L/s，故正常排完 6L 水需 24s。测试时，排水流量按 0.25L/s，排放时间按 24s×20 倍＝480s，即 8min。

④ 洗衣机计算储水容量为 60L，其排水流量为 0.50L/s，故正常排完 60L 水需 120s。测试时，排水流量按 0.25L/s，排放时间按 120s×20 倍＝2400s，即 40min。

（7）不易堵塞性能测试（测试装置见图 3-27）

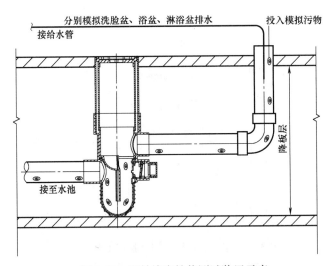

图 3-27　不易堵塞性能测试装置示意

1）将最小外径大于 20mm，最大外径小于 30mm 的不规则物体（如硬纸团、碎石、纤维物质团等）从各模拟卫生器具放入，每个卫生器具放 3 个；

2）在模拟卫生器具上用 1L/s 的水冲 1 分钟，反复 3 次，模拟杂质全部排出。

（8）同层检修性能测试

1）测试条件

① 堵塞后排水效果明显低于额定排水流量；

② 结构及地面装饰层完好；

2）测试方法（测试装置见图 3-28）

① 将较大物体（如硬纸团、布团、纤维物质团等）从各模拟卫生器具放入，并使其排水不畅；

② 在不借助任何清通工具、不伤及任何结构层或地面层情况下，从板面拔出地漏内套，倒出内套里的堵塞物，再把清理好的内套插入外套，轻易解决清通问题并使其清通后排水效果达到堵塞前状态。

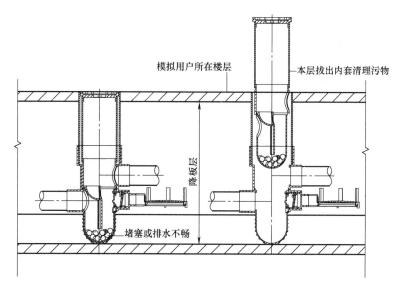

图 3-28　同层检修性能试验装置

4. 测试结果与分析

（1）测试结果

表 3-7 为同层检修地漏测试结果，表 3-8 为同层检修地漏积水皿测试结果。

同层检修地漏测试结果 表 3-7

检测项目	标 准 值	实 测 值
外观	内表面应光滑、平整，没有气泡、裂口和明显的痕纹、凹陷，完整无缺损，浇口及溢边平整、无色泽不均匀分解变色线	内表面光滑、平整，没有气泡、裂口和明显的痕纹、凹陷，完整无缺损，浇口及溢边平整，无色泽不均及分解变色线
本体强度	≥0.2MPa/30s，本体无泄漏、无变形	本体无泄漏，无变形
本体壁厚	≥2.5mm	≥3mm
过水断面面积	各部分的过水断面面积应大于排出管的截面积，且流道界面的净宽不宜小于 10mm	排水入口水封处最小过水断面面积：1805.19mm²，排水出口水封处最小过水断面面积：2310.64mm²；排出管截面：1661.06mm² 流道截面最小净宽30.50mm
排水流量	用于器具排水≥1.25L/s	1.27L/s
调节高度	≥20mm，并应有调节后的固定措施	363mm，调节后具有固定措施
耐热性能	地漏本体及各个部件应能承受 75℃水温 30min 不变形不渗漏	不变形，不渗漏
水封深度	≥50mm	53mm
水封稳定性	水封剩余深度应≥20mm	34.5mm
自清能力	可拆卸清洗时，>80%	98.33%
地漏总高度	≤250mm	250mm，189mm

检测项目	标 准 值	实 测 值
调节高度	≥350mm,并应有调节后的固定措施	363mm 调节后有固定措施
地漏部件	必须由一个外套和一个可自由拔出、插入的内套组成,调节段必须可根据女装现场尺寸进行必要的调节	由一个外套和一个可自由拔出、插入的内套组成;调节段可根据安装现场尺寸进行必要的调节
同层检修性能测试	堵塞时不借助任何工具、不伤及任何结构或地面层实现检修。检修后排水效果可达堵塞前排水状态	能满足要求
不易堵塞性能测试	同层检修地漏所连接的排水器具下方坡度排水横支管及地漏本身不易堵塞,清通能力达100%	能满足要求
积水止回阀开启水头	积水止回阀应当在积水收集皿存有100mL水时自动开启	能自动开启

同层检修地漏积水皿测试结果 表 3-8

	检测项目	排水流量(L/s)	排放时间(min)	最大允许返流量(mL)		最大允许溢出积水收集皿流量(mL)	
				标准值	检测值	标准值	检测值
积水止回阀最大允许返流量	浴盆	1.0	4	100	1.5	0	0
	淋浴器	0.15	30	100	9.0	0	0
	洗脸盆	0.25	5	100	0.0	0	0
	家用洗衣机	0.5	4	100	5.0	0	0
	浴盆、洗脸盆	1.25	4	140	15.0	40	0
	淋浴器、洗脸盆	0.40	30	120	6.0	20	0
	浴盆、家用洗衣机	1.50	4	160	25.0	60	0
	洗脸盆、家用洗衣机	0.75	4	100	2.0	0	0
	淋浴器、家用洗衣机	0.65	30	130	60.0	30	0
	浴盆、洗脸盆、家用洗衣机	1.75	4	190	30.0	90	0

（2）测试结论

同层检修地漏的抗压能力强、自清能力强、排水流量大、水封由于蒸发原因导致水封被破坏大约需要 15d,而同层检修地漏由于具备多通道地漏外接卫生器具的特点,15d 之内使用洗脸盆或淋浴喷头或浴盆的概率是极高的,也就充分保证了定位为地漏水封的持久可靠性,具备主动补水防干涸的功能。

（3）测试分析

同层检修地漏水封出口侧截面积为 $S_1 = 2310.64mm^2$,水封进口侧截面积为 $S_2 = 1805.19mm^2$,水封比为 1.28,水封初始高度为 $H = 53mm$,负压为 $h = 40mm$,水封容量为 $(S_1 + S_2) \cdot H = 218138.99mm^3$,水封损失水量为 $S_2 \cdot h = 72207.60mm^3$,剩余水量为 $(S_1 + S_2) \cdot H - S_2 \cdot h = 145931.39mm^3$,剩余水封高度为 $[(S_1 + S_2) \cdot H - S_2 \cdot h] / (S_1 + S_2) = 35.46mm$（计算值与测试值相近）,水封剩余高度远大于传统水封（规范规定剩余水封高度不小于 20mm）。

3.3.6 水封自身性能试验

如本章3.2.2节所述,水封自身性能对于水封稳定可靠性至关重要,在相同的外部条件下,对水封各主要参数对水封稳定性的影响进行试验研究。

1. 试验目的

确定水封各单项参数和组合参数对水封稳定性的影响,进而确定水封的综合性能指标。

2. 主要参数

水封高度、水封形状、水封容量、水封比、流道截面宽度、水流流速、水流方向(进水、出水、立管水流方向)等。

3. 试验设计

为了确定影响水封自身性能的主要因素及影响程度,使用正交设计方法进行试验方案的设计,首先要确定主要参数、试验因素、试验目标等;其次确定主要参数、试验因素等水平和交互作用,即单因素试验和多因素组合试验。主要参数和试验因素见表3-9。

主要参数和试验因素 表 3-9

主要参数	试 验 因 素	备 注
水封高度	10～100mm,每增加10mm为一组,共10组	
水封形状	1. 圆形、方形、矩形、水封顶面与水封底面不等面积等; 2. 进水侧、出水侧水封顶面与水封底面面积之比 1/4、1/3、1/2、1、2/1、3/1、4/4	进水侧、出水侧分别单独改变,进水侧和出水侧组合改变
水封容量	0.5、0.75、1、1.25、1.5、1.75、2	与排水管道相同截面积水封容量之比
水封比	0.25～2.5,每0.25为一组,共10组	
流道截面宽度	10～50mm,每增加5mm为一组,共10组	
水流流速	1. 进水侧、出水侧流速测定(计算); 2. 比较进水侧流速小于、等于或大于出水侧流速情况	
水流方向	进水侧、出水侧、立管水流方向不同组合	水流方向呈0°、45°、90°、135°等

4. 试验平台

图3-29为一种简易试验平台设计示意,图3-30为一种简易试验平台实物模型。

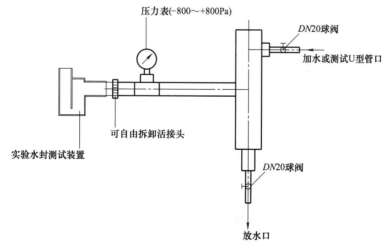

图 3-29 一种简易试验平台设计示意

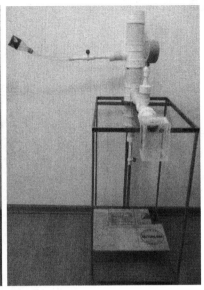

图 3-30　一种简易试验平台实物模型

3.3.7　同层排水系统水力试验

我国应用的同层排水系统已不在少数，多为降板同层排水，但使用过程中却出现一些比较棘手的问题，诸如管道排水不通畅、清通检修极其不便、卫生间内异味常在等，其中的一些问题就与本次进行的降板同层排水系统基于管道布置的水力试验有关。

清通检修与排水不通畅又是互为关联的，卫生间排水不通畅主要两个原因造成的：一是由于管道布置的原因；二是由于某些部位被一些毛发堵塞所致，以地漏、淋浴盆或浴盆存水弯（水封）最为突出。

试验的目的就是确定排水支管布置方式（转弯增加局部阻力）、地漏设置位置、排水短立管长度（降板高度）、支管污废合流和污废分流分别对地漏水封的影响等对降板同层排水的影响及影响程度。

为了使试验更符合工程实际，试验卫生间布局选用《住宅厨、卫给排水管道安装》03SS408 中的 B 型，卫生器具选用市售最常规的型号，主要以观察地漏、洗脸盆、浴盆水封变化和投入模拟污物输送情况及排水所用时间作为记录本次试验的现象。

试验材料及设备：PVC-U 排水管及管件，有机玻璃管，分体式坐便器（排水流量为1.50L/s)，浴盆（排水流量为 1.0L/s)，洗脸盆（排水流量为 0.25L/s)，加强型旋流器，水封高度测试用直尺和软管。为了方便安装和调整管道布置方式，模拟装饰层面板仅在卫生器具所在位置设置高度可调节支撑面板（不锈钢面板），测试平台长 2500mm，宽 1500mm。

1. 排水支管布置方式对水封的影响试验

（1）试验目的

观察并记录地漏和浴盆水封变化情况，以及地漏是否出现返冒现象。

（2）试验条件

1）降板高度 180mm，排水支管坡度分别采用最小坡度、通用坡度、标准坡度三种；

2）排水支管布置方式共分 4 种，见图 3-31；

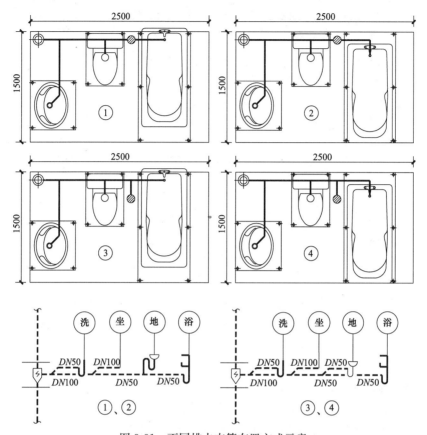

图 3-31 不同排水支管布置方式示意

3）放水方式：洗脸盆、坐便器、浴盆、洗脸盆＋坐便器、洗脸盆＋浴盆、坐便器＋浴盆、洗脸盆＋坐便器＋浴盆六种排水方式。

2．地漏设置位置对水封的影响试验

（1）试验目的

观察并记录地漏水封的变化情况，以及地漏是否出现返冒现象。

（2）试验条件

1）在降板高度统一为 250mm 的条件下，地漏全部采用短支管接入排水支管，排水支管坡度分别采用最小坡度、通用坡度、标准坡度三种；

2）地漏四种典型设置方式：①地漏接入点位于坐便器排水口和浴盆排水口之间；②地漏接入点位于洗脸盆排水口和坐便器排水口之间；③地漏接入点为洗脸盆排水支管末端；④地漏接入点为所有卫生器具排水口之后，即排水支管最末端；图 3-32 为不同地漏设置位置示意。

3）放水方式：洗脸盆、坐便器、浴盆、洗脸盆＋坐便器、洗脸盆＋浴盆、坐便器＋浴盆、洗脸盆＋坐便器＋浴盆六种排水方式。

3．排水短立管长度对水封的影响试验

（1）试验目的

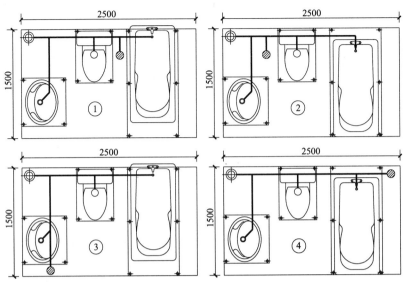

图 3-32　不同地漏设置位置示意

1）观察并记录地漏水封的变化情况，以及地漏是否出现返冒现象；

2）观察并记录当排水口放置的模拟污物（小鹅卵石）开始下落直至传输到排水立管的时间 T_1、排水开始直至卫生器具停止排水所用时间 T_2。

（2）试验条件

1）通过增加或减少支撑块来调节降板高度（即改变排水短立管长度），降板高度分别为 180mm、250mm、350mm 三档；图 3-33 为不同降板高度试验装置示意。

2）排水支管坡度分别采用最小坡度、通用坡度、标准坡度三种；

3）放水方式：洗脸盆、坐便器、浴盆、洗脸盆＋坐便器、洗脸盆＋浴盆、坐便器＋浴盆、洗脸盆＋坐便器＋浴盆六种排水方式。

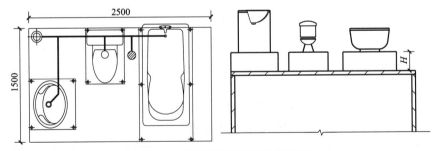

图 3-33　不同降板高度试验装置示意

4. 支管污废合流或分流对水封的影响试验

（1）试验目的

观察并记录地漏水封的变化情况，以及地漏是否出现返冒现象；

（2）试验条件

1）在降板高度统一为 250mm 的条件下，地漏采用短支管接入排水支管，排水支管坡度分别采用最小坡度、通用坡度、标准坡度三种；

2）支管合流可以采用本节2（地漏设置位置对水封的影响试验）的试验数据；支管分流应另行试验；图3-34为支管污废合流和支管污废分流布置示意；

3）放水方式：洗脸盆、坐便器、浴盆、洗脸盆＋坐便器、洗脸盆＋浴盆、坐便器＋浴盆、洗脸盆＋坐便器＋浴盆六种排水方式。

5. 建筑同层检修排水系统布置方式对水封的影响试验

（1）试验目的

1）观察并记录地漏水封的变化情况，以及地漏是否出现返冒现象；

2）观察并记录当排水口放置的模拟污物（小鹅卵石）开始下落直至传输到排水立管的时间 T_1、排水开始直至卫生器具停止排水所用时间 T_2。

（2）试验条件

1）降板高度确定为250mm；图3-35为建筑同层检修排水系统布置示意；

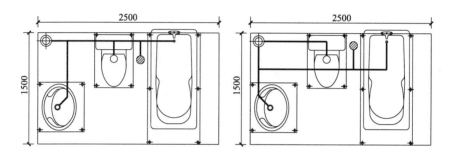

图3-34 支管污废合流和支管污废分流布置示意

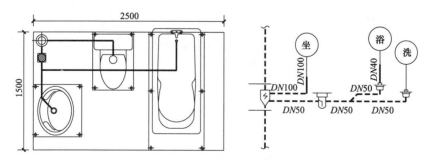

图3-35 建筑同层检修排水系统布置示意

2）排水支管坡度分别采用最小坡度、通用坡度、标准坡度三种；

3）放水方式：洗脸盆、坐便器、浴盆、洗脸盆＋坐便器、洗脸盆＋浴盆、坐便器＋浴盆、洗脸盆＋坐便器＋浴盆六种排水方式。

3.3.8 等比例模拟运行试验

为了保证建筑同层检修排水系统的长期安全使用，每种类型卫生间、厨房和阳台建筑同层检修排水系统都按等比例做出实体的模型，并对等比例模拟进行运行实际试验，进一步验证建筑同层检修排水系统在各种极端条件下运行可靠性，同时等比例模型也相当于样本间。图3-36为一种等比例卫生间模型，图3-37为一种等比例厨房模型，图3-38为一种等比例阳台模型。

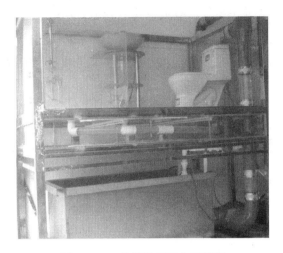

图 3-36　一种等比例卫生间模型

（*a*）　　　　　　　　　　　　　　　（*b*）

图 3-37　一种等比例厨房模型

图 3-38　一种等比例阳台模型

3.3.9　建筑排水系统噪声测试

建筑排水管道系统噪声是建筑噪声最主要的来源之一，直接影响着人们的正常生活和工作。对于建筑排水系统噪声的测定就显得尤为重要。建筑排水系统噪声测试分为实验室测试和现场测试两种。

1. 建筑排水系统实验室噪声测试

建筑排水系统的实验室噪声测试方法可依据《建筑排水管道系统噪声测试方法》CJ/T 312—2009 的相关内容进行。

（1）实验室的布置

对于不含卫生器具的建筑排水单立管系统产生的噪声可采用下列两种实验室方案。

1）方案一为低配置，包括一层两间混响室，分别为声源室和接收室，声源室和接收室中间为实验墙。方案一适用于不含卫生器具的建筑排水单立管系统产生的噪声测试。图3-39为方案一实验室剖面及管道系统安装方式。

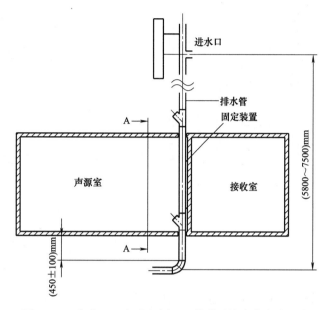

图3-39　（方案一）实验室剖面及管道系统安装方式示意

2）方案二为高配置，包括上下两层混响室，每一层两个房间，分别为声源室和接收室，声源室和接收室中间为实验墙。图3-40为方案二实验室剖面及管道系统安装方式。方案二适用于不含卫生器具的建筑排水单立管系统产生的噪声测试以及含有卫生器具的建筑排水管道系统产生的噪声的测试。当方案二用于含有卫生器具的建筑排水管道系统产生的噪声测试时，实验室剖面及管道系统安装方式如图3-41所示。

（2）实验室测试方法与原理

对不含卫生器具的建筑排水单立管系统样品产生的噪声进行测试时，应使用以下恒定流量：0.5L/s；1L/s；2L/s；4L/s；8L/s。流量上限取决于管道内径，放水设备放水流量应在0.5L/s至表3-10所规定的上限之间。在测量时间T_m过程中，流量应控制在规定值的±5%范围内，放水设备流量计测量精度应达到95%。

放水设备放水流量上限值　　　　　　　　　　表3-10

管道内径(mm)	$70{\leqslant}D{<}100$	$100{\leqslant}D{<}125$	$125{<}D{\leqslant}150$
流量上限(L/s)	1	4	8

实验室测试包括结构声测量和空气声的测量。

结构声的测量即把样品安装在声源室内，使用规定的材料，采用一定的连接方式连接到实验墙上，依照上述规定的放水流量并保持稳定的水流，在接收室中测量剩余L'_s。然后将样品与实验墙分离，再次放水并在接收室内背景噪声L_B，对背景噪声进行修正后得

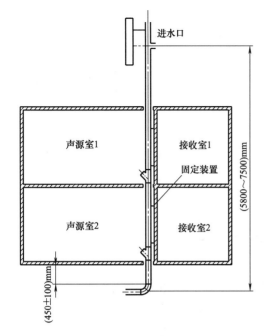

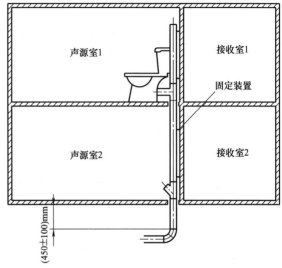

图 3-40 （方案二）实验室
剖面及管道系统安装方式示意

图 3-41 含有卫生器具排水系统产生噪声的
实验室剖面及管道系统安装方式示意

到 L_s。利用接收室的混响时间 T_r 并按照等效吸声量 10m² 规范化的结构声压级得到规范化的 L_{sn}。再次进行修正得到结构声特征级 T_{sc}。

空气声的测量同样将样品安装在声源室内，依照结构声的测量方式，在声源室内测量样品直接发射的总声压级 L_t'，关闭水流在声源室内测量背景噪声 L_B，并对背景噪声修正后可得 L_t，最后经过规范化可得空气声压级 L_{an}。

对于含有卫生器具的建筑排水管道系统产生的噪声测试方法与不含卫生器具的相同，实验室及布管方式按照图 3-41 安装，所不同之处在于排水流量按照卫生器具等设备实际工作流量进行测试，不设进水口。

（3）测试中应特别注意

1）每个声源室和接收室中传声器位置应不少于 5 个，其分布取决于房间可用空间的大小。传声器位置应均匀分布在每个房间的最大容许测量空间内。

2）传声器位置的最小间隔距离应符合《建筑排水管道系统噪声测试方法》CJ/T 312—2009 中的规定。

3）若采用单个的移动传声器，扫测半径应至少 1.0m。为了能够覆盖大部分可允许测量的室内空间，扫测经历的平面应作倾斜，与房间的任一界面的倾角应大于 10°。

4）为避免卫生器具噪声干扰，应分别测定排水管道系统噪声和卫生器具排水所产生的噪声。

5）传声器所得数据应进行背景噪声的修订并把测试结果规范化得出结论。

（4）测试仪器

测试传声器可分为自由场、压力场和扩散场三大类。在测量频率小于 5000Hz 时，上述三类传声器测量结果的误差较小，在测量频率大于 160000Hz 时误差较大，为了精确测量需选择正确的传声器。图 3-42 为不同类型的传声器，图 3-43 为不同类型的传声器支架，图 3-44 为传声器安装示意。

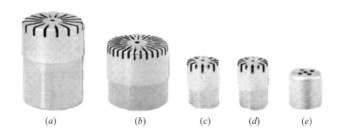

（a）　　　　　（b）　　　（c）　　　（d）　　　（e）

图 3-42　不同类型的传声器

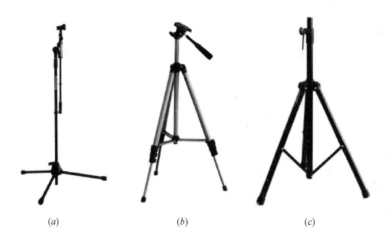

（a）　　　　　　　　（b）　　　　　　　　（c）

图 3-43　不同类型的传声器支架

图 3-44　传声器安装示意

（5）几种常用建筑排水管材实验室测试噪声值

表 3-11 为几种常用建筑排水管材实验室测试噪声值。

几种常用建筑排水管材实验室测试噪声值（dB）

表 3-11

管材 \ 放水流量(L/s)	1.0	2.0	4.0
铸铁管	42.3	43.5	44.9
普通 PVC-U	47	49.9	52.9
中空螺旋 PVC-U	45.1	47.8	51.9
普通螺旋 PVC-U	45.3	48.1	52.2

2. 建筑同层检修排水系统现场噪声测试

由于实验室条件与实际建筑安装的条件不同，对于已经安装好的建筑同层检修排水系统的噪声测量需在现场进行。现场噪声测量，可采用积分声级计进行测量，测量的原则可参照《建筑排水管道系统噪声测试方法》CJ/T 312—2009 中采用单个移动传声器测量的方法进行。图 3-45 为现场用声级计。

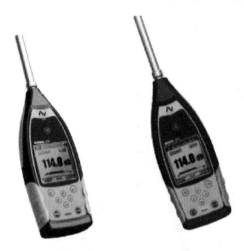

图 3-45　现场用声级计

也可以采用固定的传声器进行测量，如测试时可将测试点选在二楼，放水楼层分别为三楼、四楼和五楼。可测得不同楼层放水时卫生间、卧室产生的噪声。测试设备摆放如图 3-46 所示。按照图 3-46 可以测得现场排水管噪声及相邻卧室噪声等级，以检测实际安装时建筑同层检修排水系统的噪声指标。图 3-47 为测试现场传声器安装示意。

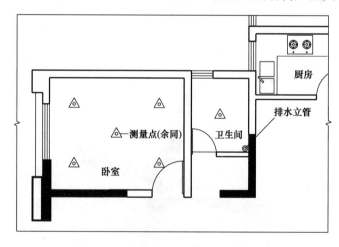

图 3-46　现场噪声测试传声器摆放示意

3.3.10　建筑同层检修排水系统卫生安全性能试验

所有建筑排水系统的理论和进行的有关试验，其目的都是为了使建筑排水系统充分满足人们的使用要求，保障建筑排水系统运行的卫生安全，这也是建筑排水系统应该具备的最直接最基本的要求。建筑排水系统的卫生安全问题多以管道渗漏、管道堵塞、排水不畅、返

图 3-47 测试现场传声器安装示意

臭、污水返冒的形式表现出来，其中地漏返臭问题最为普遍，危害性也最值得引起注意。

室内臭气来源除了传统上认为的地漏存水弯水封不足导致臭气溢出外，还有小便器（由于国内的住宅卫生间极少配置小便器，通常利用大便器直接排放），以及男性使用完后，常在大便器的座圈等位置滴有尿迹，清洁不及时会产生臭味。这些臭气味主要含有硫化氢、氨、甲硫醇、吲哚、甲烷、乙烷等，这些气体不仅有异臭味，有的还有较强的毒性，如硫化氢等。为了检测建筑同层检修排水系统运行的卫生安全，必须对卫生间、厨房以及封闭阳台进行气体采样检测，以确保建筑同层检修排水系统有良好的卫生安全性能。

1. 室内空气质量标准和污染物浓度限量

表 3-12 为《室内空气质量标准》GB 18883—2002 规定室内空气质量标准。

室内空气质量标准　　　　　　　　　　　　　　　　　表 3-12

序号	参数类别	参数	单位	标准值	备注
1	物理性	温度	℃	22～28	夏季空调
2		相对湿度	%	16～24	冬季采暖
3		空气流速	m/s	40～80	夏季空调
				30～60	冬季采暖
4		新风量	m³/(h·p)	30	—
5	化学性	二氧化硫 SO_2	mg/m³	0.5	一小时均值
6		二氧化氮 NO_2	mg/m³	0.24	一小时均值
7		一氧化碳 CO	mg/m³	10	一小时均值
8		二氧化碳 CO_2	%	0.1	日平均值
9		氨 NH_3	mg/m³	0.2	一小时均值
10		臭氧 O_3	mg/m³	0.16	一小时均值
11		甲醛 HCHO	mg/m³	0.1	一小时均值
12		苯 C_6H_6	mg/m³	0.11	一小时均值
13		甲苯 C_7H_8	mg/m³	0.2	一小时均值
14		二甲苯 C_8H_{10}	mg/m³	0.2	一小时均值
15		苯并[a]芘 B(a)P	mg/m³	1	日平均值
16		可吸入颗粒物 PM_{10}	mg/m³	0.15	日平均值
17		总挥发性有机物 TVOC	mg/m³	0.6	八小时均值
18	生物性	菌落总数	cfu/m³	2500	依据仪器定
19	放射性	氡²²²Rn	Bq/m³	400	年平均值（行动水平）

表 3-13 为《民用建筑工程室内环境污染控制规范》GB 50325—2010 对民用建筑工程室内环境污染物浓度限量。

民用建筑工程室内环境污染物浓度限量 表 3-13

污染物	Ⅰ类民用建筑工程	Ⅱ类民用建筑工程
氡(Bq/m³)	≤200	≤400
甲醛(mg/m³)	≤0.08	≤0.10
苯(mg/m³)	≤0.09	≤0.09
氨(mg/m³)	≤0.2	≤0.2
TVOC(mg/m³)	≤0.5	≤0.6

注：1. Ⅰ类民用建筑工程：住宅、医院、老年建筑、幼儿园、学校教室等民用建筑工程；
   2. Ⅱ类民用建筑工程：办公楼、商店、旅馆、文化娱乐场所、书店、图书馆、展览馆、体育馆、公共交通等候室、餐厅、理发店等民用建筑工程。

2. 室内空气采样一般规定

检测之前要先对卫生间的空气进行采样，确定采样点的数量和位置，依据规定的采样时间和频率可选用不同的仪器及方法进行采样。根据污染物在室内空气中存在状态，选用合适的采样方法和仪器，用于室内的采样器的噪声应小于50dB。室内空气采样方法按照《室内空气质量标准》GB 18883—2002 要求进行。图 3-48 为空气采样器。

图 3-48 空气采样器

3. 室内采样应注意事项

（1）有动力采样器在采样前应对采样系统气密性进行检查，不得漏气；

（2）采样系统流量要能保持恒定，采样前和采样后要用一级皂膜计校准采样系统进气流量，误差不超过 5%；

（3）在一批现场采样中，应作采样过程中的空白检验，若空白检验超过控制范围，则这批样品作废；

（4）仪器使用前，应按仪器说明书对仪器进行检验和标定；

（5）在计算浓度时应用下式将采样体积换算成标准状态下的体积；

（6）采样时要对现场情况、各种污染源、采样日期、时间、地点、数量、布点方式、大气压力、气温、相对湿度、风速以及采样者签字等做出详细记录，随样品一同报到实验室。

4. 检验方法

表 3-14 为室内空气中各种参数的检验方法。

5. 测试仪器

随着检测技术的发展，室内的空气检验可分为场外检验和场内检验，可以将空气样品收集送至实验室内进行化验分析。场内检验是采用便携式的仪器进行针对性的检验。图 3-49 为现场空气硫化氢速测仪，图 3-50 为室内空气氨测定仪，图 3-51 为现场空气臭氧测定仪，图 3-52 为现场空气二氧化硫测定仪。

序号	污染物	检 验 方 法	来 源
1	二氧化硫 SO_2	甲醛溶液吸收——盐酸副玫瑰苯胺分光光度法	1. GB/T 16128； 2. HJ 482
2	二氧化氮 NO_2	改进的 Saltzman 法	1. GB 12372； 2. GB/T 15435
3	一氧化碳 CO	1. 非分散红外法； 2. 不分光红外线气体分析法、气相色谱法、汞置换法	1. GB 9801； 2. GB/T 18204.23
4	二氧化碳 CO_2	1. 不分光红外线气体分析法； 2. 气相色谱法； 3. 容量滴定法	GB/T 18204.24
5	氨 NH_3	1. 靛酚蓝分光光度法、纳氏试剂分光光度法； 2. 离子选择电极法； 3. 次氯酸钠——水杨酸分光光度法	1. GB/T 18204.25、HJ 533； 2. GB/T 14669； 3. HJ 534
6	臭氧 O_3	1. 紫外光度法； 2. 靛蓝二磺酸钠分光光度法	1. HJ 590； 2. GB/T 18204.27、HJ 504
7	甲醛 HCHO	1. AHMT 分光光度法； 2. 酚试剂分光光度法、气相色谱法； 3. 乙酰丙酮分光光度法	1. GB/T 16129； 2. GB/T 18204.26； 3. GB/T 15516
8	苯 C_6H_6	气相色谱法	1. GB/T 18883； 2. GB 11737
9	甲苯 C_7H_8 二甲苯 C_8H_{10}	气相色谱法	1. GB 11737； 2. HJ 583
10	苯并[a]芘 B(a)P	高效液相色谱法	GB/T 15439
11	可吸入颗粒物 PM_{10}	撞击式——称重法	GB/T 17095
12	总挥发性有机化合物 TVOC	气相色谱法	GB/T 18883
13	菌落总数	撞击法	GB/T 18883
14	温度	1. 玻璃液体温度计法； 2. 数显式温度计法	GB/T 18204.13
15	相对湿度	1. 通风干湿表法； 2. 氯化锂湿度计法； 3. 电容式数字湿度计法	GB/T 18204.14
16	空气流速	1. 热球式电风速计法； 2. 数字式风速表法	GB/T 18204.15
17	新风量	示踪气体法	GB/T 18204.18
18	氡 ^{222}Rn	1. 空气中氡浓度的闪烁瓶测量方法； 2. 径迹蚀刻法； 3. 双滤膜法； 4. 活性炭盒法	1. GB/T 16147； 2. GB/T 14582

图 3-49　现场空气硫化氢速测仪

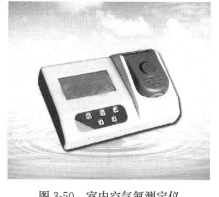

图 3-50　室内空气氨测定仪

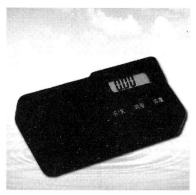

图 3-51　现场空气臭氧测定仪

图 3-52　现场空气二氧化硫测定仪

6. 测试应特别注意的事项

（1）为了保证测试的空气能准确地反映出室内卫生间空气质量，特别在布置采样点时应遵循以下原则：

1）代表性，应根据监测目的与对象来确定，以不同的目的来选择各自典型的代表。如可以按居住类型分类、燃料结构分类。

2）可比性，为了便于对检测结果进行比较，各个采样点应尽可能选择相类似的各种条件。所采用的采样仪器及采样方法应做具体规定，采样点一旦选定后一般不要轻易改动。

3）可行性，应尽量选有一定空间可供利用的地方，以便安放器材，切忌影响居住者的日常生活。应选用低噪声、有足够电源的小型采样器材。

（2）室内环境检测采样时间和采样频率根据监测目的、污染物分布特征及人力物力等因素决定。

1）评价室内空气质量对人体健康影响时，在人们正常活动情况下采样，至少监测一日，每日早晨和傍晚各采样一次，早晨不开门窗。每次平行采样，平行样品的相对误差不超过20％。

2）对建筑物的室内空气质量进行评价时，应选择在无人活动时进行采样，至少监测一日，每日早晨和傍晚各采样一次，都不开门窗。每次平行采样，平行样品的相对偏差不超过20％。采样时间太短，会导致结果没有代表性。为增加采样时间，目前采用两种办法。一是增加采样频率，即每隔一定时间采样测定一次，取多个试样测定结果的平均值为代表值。这种方法适用于受人力、物力限制而进行人工采样测定的情况，若采样频率安排合理、适当，积累足够多的数据，则具有较好的代表性。第二种办法是使用自动采样仪器进行连续自动采样，若再配用污染组分连续或间歇自动监测仪器，其监测结果能很好地反映污染物浓度的变化，得到任何一段时间的代表值（平均值），这是最佳采样和测定方式。

（3）室内环境检测中所使用仪器的可靠性也是极其重要的环节，检验的仪器需要经过相关部门出具的性能合格证书，才可以进行检测实验。同时检测和实验都要具备一定的环境和条件。进行室内环境的检测实验，采用不同的检测方法和检测仪器所得到的数据会产生很大的出入。为了保证所得数据的可靠性，就是必须使用国家所规定的室内环境检测方法和检测仪器。

第4章 建筑同层检修排水系统设计

4.1 概述

设计是建筑排水系统投入使用之前的第一个环节，也是最重要的环节之一，在很大程度上直接决定了建筑排水系统将长期处于何种工作状态。目前，用于指导建筑排水系统设计主要有《建筑给水排水设计规范》GB 50015—2003（2009 年版），而其他规范、规程、图集等有关国家标准也不在少数，主要有：《建筑排水塑料管道工程技术规程》CJJ/T 29—2010、《建筑排水金属管道工程技术规程》CJJ/T 127—2009、《特殊单立管排水系统技术规程》CECS 79—2011、《排水系统水封保护设计规程》CECS 172—2004、《建筑排水柔性接口铸铁管管道工程技术规程》CECS 168—2004、《建筑同层排水系统技术规程》CECS 247—2008、《加强型旋流器单立管排水系统技术规程》CECS 307—2012，还有许多标准图集等。如何通过精心设计将建筑同层检修排水系统功能发挥至最佳状态，同时考虑到施工质量和进度等要素，这就需要广大设计人员共同努力。

本章紧密结合有关标准，力求将建筑同层检修排水系统在设计中遇到的各种问题进行归类说明。主要包括：系统选型与配置，管材、管件和配件，管道敷设，预留与预埋，水力计算，主要配件库和设计标准库，工程设计实例等问题。

4.2 系统选型与配置

建筑同层检修排水系统涵盖多种子系统，设计时就需要明确采用的是哪种种子系统，或者说采用建筑同层检修系统的具体组成是什么，本节主要是对选择建筑同层检修排水子系统的原则以及选择的子系统配置问题进行分析。

在进行建筑同层检修排水系统设计前，必须先确定两个问题：

（1）针对立管而言，卫生间污废水是采用合流还是分流；

（2）针对卫生间、厨房和阳台，是采用同层排水还是异层排水。

《建筑给水排水设计规范》GB 50015—2003（2009 年版）第 4.3.8 条规定下列情况下卫生器具排水横支管应设置同层排水：1）住宅卫生间的卫生器具排水管要求不穿越楼板进入他户时；2）当受条件限制不能避免时，应采取防护措施，主要有四个情形：①排水管道不得穿越卧室；②排水管道不得穿越生活饮用水池部位的上方；③室内排水管道不得布置在遇水会引起燃烧、爆炸的原料、产品和设备的上面；④排水横管不得布置在食堂、饮食业厨房的主副食操作、烹调和备餐的上方。其中第一条是住宅卫生间的卫生器具排水管要求不穿越楼板进入他户时，这里的"要求不穿越"一般是建设（业主）单位提出的。

对于卫生间污废水是采用何种排水体制仅给出了推荐性规定。《建筑给水排水设计规范》GB 50015—2003（2009 年版）第 4.1.2 条规定建筑物内下列情况下宜采用生活污水与生活废水分流的排水系统：1）建筑物使用性质对卫生标准要求较高时；2）生活废水量较大，且环卫部门要求生活污水需经化粪池处理后才能排入城镇排水管道时；3）生活废水需回收利用时。

4.2.1 排水子系统选择

1. 卫生间排水子系统选择

根据第 2.3 节建筑同层检修排水系统的分类，子系统包括普通单立管建筑同层检修排水系统、特殊单立管建筑同层检修排水系统、专用通气管建筑同层检修排水系统等，图 4-1～4-3 分别代表了对应的子系统。

《建筑给水排水设计规范》GB 50015—2003（2009 年版）第 4.6.2 条规定下列情况下应设置通气立管或特殊配件单立管排水系统：1）生活排水立管所承担的卫生器具排水设计流量，当超过规范中仅设伸顶通气管的排水立管最大设计排水能力时；2）建筑标准要求较高的多层住宅、公共建筑、10 层及 10 层以上高层建筑卫生间的生活污水立管应设置通气立管。选用何种建筑同层检修排水子系统，这涉及很多方面的因素，如管道设备一次性投资、安装费用、排水系统要求等，存在选择一个最优建筑排水系统的问题，选择建筑同层检修排水子系统的原则应考虑以下几点：①满足排水对于流量的要求；②投资造价较低；③安装方便快速；④立管尽可能少的占用建筑空间。

图 4-1 为普通单立管建筑同层检修排水系统基本组成，图 4-2 为建筑同层检修单立管排水系统基本组成，图 4-3 为建筑同层检修双立管排水系统基本组成。图 4-1～4-3 列出的都是排水支管污废水分流的管道布置方式。《建筑给水排水设计规范》GB 50015—2003（2009 年版）第 4.1.2 条规定的建筑物使用性质对卫生标准要求较高时，宜采用生活污水与生活废水分流的排水系统指是子系统分流，即排水立管污废分流和排水横支管污废分流。分开的主要原因在于大便器排水呈瞬时洪峰流态，而洗涤废水呈平稳连续流态，为了不造成大便器排水对洗脸盆等卫生器具和地漏水封容易造成破坏而分开排放。采用排水立管污废分流和排水横支管污废分流方式、或排水立管污废合流和排水横支管污废分流方式对水封的保护都有益处，对特殊单立管排水系统而言，排水立管污废合流和排水横支管污废分流方式也可以很大程度的削弱大便器排水对洗脸盆等卫生器具和地漏水封的影响，并且几乎不会增加建筑排水系统投资，这也是值得推广应用的排水方式之一。建筑同层检修排水系统不论采用何种子系统，都推荐卫生间使用排水横支管污废水分流的排水方式。

2. 厨房和阳台排水子系统选择

厨房和阳台采用建筑同层检修排水系统的情况，由于一般不存在排水体制的问题，针对这厨房和阳台的建筑同层检修排水系统仅作同层排水和异层排水的分类，至于选择同层排水还是异层排水，这主要取决于建设单位的使用要求，不论是从建筑排水系统发展的趋势，还是建筑同层检修排水系统的特点，厨房和阳台推荐使用不降板同层排水系统。图 4-4 为建筑同层检修厨房（阳台）排水系统基本组成。

4.2.2 排水子系统配置

建筑同层检修排水系统配置应根据所选择的子系统要求确定。建筑同层检修排水系统特殊管件和特殊配件配置列于表 4-1 中，其他管件、配件没有特殊要求，选择普通产品即可。

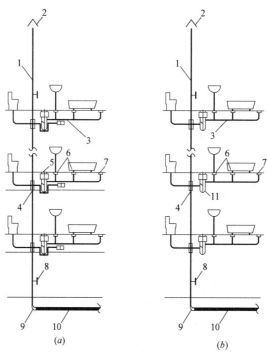

图 4-1 建筑同层检修普通单立管排水系统示意

(*a*) 同层安装；(*b*) 异层安装

1—排水立管；2—通气帽；3—排水支管；4—顺水三通（或 Y 型三通）；5—同层检修地漏（D-Ⅰ型）；
6—器具连接器；7—直通防臭地漏；8—系统测试检查口；9—底部异径弯头（或 2 个 45°弯头）；
10—排水横干管（或排出管）；11—同层检修地漏（D-Ⅱ型）

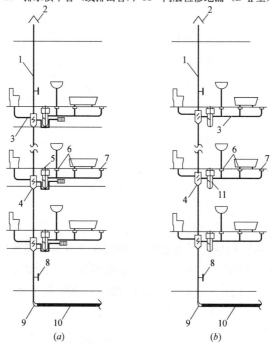

图 4-2 建筑同层检修特殊单立管排水系统示意

(*a*) 同层安装；(*b*) 异层安装

1—排水立管；2—通气帽；3—排水支管；4—加强型旋流器；5—同层检修地漏（D-Ⅰ型）；
6—器具连接器；7—直通防臭地漏；8—系统测试检查口；9—底部异径弯头；10—排水横干管
（或排出管）；11—同层检修地漏（D-Ⅱ型）

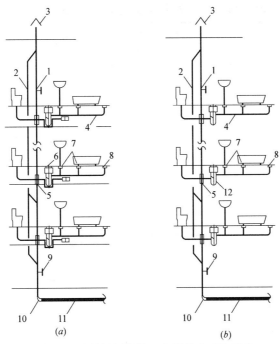

图 4-3　建筑同层检修双立管排水系统示意

(a) 同层安装；(b) 异层安装

1—排水立管；2—通气立管；3—通气帽；4—排水支管；5—顺水三通（或 Y 型三通）；6—同层检修地漏
（D-Ⅰ型）；7—器具连接器；8—直通防臭地漏；9—系统测试检查口；10—底部异径弯头（或 2 个 45°
弯头）；11—排水横干管（或排出管）；12—同层检修地漏（D-Ⅱ型）

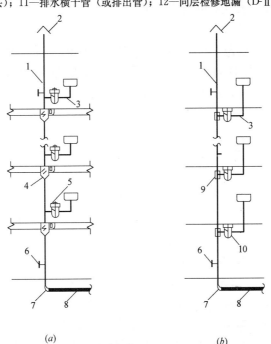

(a)　　　　　　　　　　　(b)

图 4-4　建筑同层检修厨房（阳台）排水系统示意

(a) 同层安装；(b) 异层安装

1—排水立管；2—通气帽；3—排水支管；4—导流连体地漏；5—水封盒；6—系统测试检查口；
7—底部异径弯头（或 2 个 45°弯头）；8—排水横干管（或排出管）；9—顺水三通（或 Y 型三通）；
10—同层检修地漏（D-Ⅱ型）

69

特殊管件与特殊配件	同层排水		异层排水	
	卫生间	厨房、阳台	卫生间	厨房、阳台
加强型旋流器	—	×	—	—
D-Ⅰ型同层检修地漏	√	×	×	×
D-Ⅱ型同层检修地漏	×	×	√	√
导流连体地漏	×	√	×	×
系统测试检查口	√	√	√	√
器具连接器	—	×	—	×
直通防臭地漏	—	×	—	×
水封盒	×	√	×	—

建筑同层检修排水系统特殊管件和特殊配件配置表　　　表 4-1

注:"√"表示有此特殊管件或特殊配件,"—"表示可根据需要选择,"×"表示没有用到该特殊管件或特殊配件。

4.3 管材、管件和配件

建筑排水系统是由众多的管材、管件和附件所组成,因此,设计人员不仅要把握建筑排水管材的选用原则,更要将其与工程实践紧密结合在一起,作为设计内容的重要部分。管材、管件和配件同样是建筑同层检修排水系统的主要组成部分,本节主要内容为管材的选择和管件、配件选择需要注意的若干事项。

4.3.1 相关规定

《建筑给水排水设计规范》GB 50015—2003(2009 年版)第 4.5.1 条第 2 款规定:"建筑内部排水管道应采用建筑排水塑料管及管件或柔性接口机制排水铸铁管及相应管件。"第 3 款规定:"当连续排水温度大于 40℃时,应采用金属排水管或耐热塑料排水管。"

《建筑给水排水及采暖工程施工质量验收规范》GB 50242—2002 第 5.1.2 条规定:"生活污水管道应使用塑料管、铸铁管或混凝土管(由成组洗脸盆或饮用喷水器具的排水短管,可使用钢管)。"

以上是现行国家标准中针对建筑排水管材的设计选用和工程验收给出的有限条文,条文内容简明,并未细化管材的选用原则。在《全国民用建筑工程设计技术措施(给水排水)》(2009 年版)提及了生活排水管材的选用原则并指明某些特殊场合对管材选用的要求或做法,相关的主要技术措施包括:

(1)(第 4.5.1 条)建筑排水管道的选择,应综合考虑排放介质的适用情况、建筑物的使用性质、建筑高度、抗震要求、防火要求及当地的管道供应条件等,经技术经济比较后,因地制宜合理选用。第 4.5.6 条:环境温度可能出现 0℃以下的场所应采用金属排水管;连续或经常排水温度大于 40℃或瞬时排水温度大于 80℃的排水管道,应采用金属排水管或耐热塑料排水管。

(2)(第 4.5.10 条)建筑高度超过 100m 的高层建筑内,排水管应采用柔性接口机制排水铸铁管及其管件。

（3）（第10.2.3条）塑料排水管在抗震地区宜在多层或高度不超过50m的建筑中采用，或支管全部采用塑料管而立管及排出管采用柔性接口承插式铸铁管及管件。

4.3.2 管道材质的选择

建筑排水管材多种多样，目前，常用可以分为金属管材和非金属管材两大类。选择何种管道材质是设计中需要解决的问题，一个完整的建筑排水系统，往往是由多种不同材质的排水管道共同构成，为了使设计人员、建设单位、施工单位、使用单位对现常用的建筑排水管材有一个系统的认识。应把握管材选用的基本原则，即综合考虑排放介质的适用情况、建筑物的使用性质、建筑高度、抗震要求、防火要求及当地的管材供应条件等，经技术经济比较后，因地制宜合理选用。

需要指出的是，近年来通过对不同管材排水系统立管通水能力的测试显示，在相同条件下，铸铁排水管的实测排水流量超过PVC-U塑料排水管（光壁）的实测排水流量。

1. 排水铸铁管

按制造工艺的不同，直管可分为机制、手工翻砂两大类，其中机制又可分为金属型离心铸造、连续铸造两种。管件可分为机械造型、手工翻砂两大类。金属型离心铸造具有管体组织致密、表面光洁、壁厚均匀、尺寸稳定和生产效率高等特点，是目前绝大多数企业采用的生产方式；连续铸造的直管表面质量差一些，生产效率低；手工翻砂管缺点、缺陷多，属于市场淘汰产品。

按接口形式上，铸铁排水管材可分为柔性接口和刚性接口两大类。柔性接口铸铁排水管具有较强的抗曲饶能力、伸缩变形能力和抗震能力，柔性接口机制排水管材在不同的国家和地区得到广泛的使用。刚性接口铸铁排水管缺乏承受径向挠度、轴向伸缩的能力，使用过程中受到建筑变形、热胀冷缩、地质震动等外力作用时，易产生管体破裂，造成渗漏事故，因而逐渐被淘汰，仅在一些低矮建筑或特殊场合才使用。目前，市场上的铸铁排水管多为柔性接口机制排水铸铁管，从接口的连接方式上，柔性接口机制铸铁排水管材又可分为无承口W型（卡箍式）、法兰机械式A型、（双）法兰机械式B型等三种。由于W型管材具有径向尺寸小（无法兰盘）、便于布置、节省空间、长度可以在现场按需裁剪可节省管材、拆装方便、便于维修等优点，因此，W型管材使用较多。

与其他金属管材和塑料管材相比，铸铁排水管材具有一些独特的优点，主要体现在强度高、噪声低、寿命长、阻燃防火、柔性抗震、无二次污染、可再生循环利用等方面，具体如下。

（1）噪声低、强度高、寿命长

不同的管材在排水时产生不同的噪声值，铸铁排水管的隔声性能优于PVC-U塑料排水管（光壁）已为业界公认。有试验资料显示，公称直径同为DN100的PVC-U塑料排水管（光壁）和铸铁排水管在排水流量为2.7L/s时，距管道1m处实测噪声值分别为58dB和46.5dB，这主要是由于铸铁排水管密度大、组织致密、内壁较为粗糙，铸铁中的石墨对振动能起到缓冲作用，阻止晶粒间振动动能的传递。另外，相比采用刚性粘结的PVC-U塑料排水管（光壁），铸铁排水管采用柔性橡胶连接也起到削弱振动传递的效果。故在要求安静的居住建筑、学校、医院、会场、宾馆等场合，宜选用铸铁排水管材。

铸铁管材的抗拉、抗弯强度是常用塑料管材的4倍以上，铸铁的基体组织的电位差小，电化学作用小，同时含硅量高，能够在表面形成连续的SiO_2保护膜，因此其耐锈蚀性能远高于钢材，在相同的使用环境、介质中铸铁的耐锈性是钢材的 3 倍以上。铸铁排水管材优良的耐腐蚀、强度特性，使其使用寿命远大于钢管材和塑料管材。据有关资料记载，明代洪武年间（公元 1368—1399 年），南京武庙闸渠就有铸铁管材的使用；公元 1664 年起，法国凡尔赛宫使用的一条生活铸铁管道，迄今还在默默无闻地做着它的贡献。

（2）柔性抗震

铸铁的线胀系数比较低，因而受环境温度影响自身产生的伸缩量很小，同时铸铁排水管材的柔性接口结构，使其具有较高的抗伸缩能力、抗曲挠变形能力和抗震能力，系统轴向变形 35mm、横向震动挠曲值 31.5mm 以内接口不渗漏。近年来，我国地震频发，柔性接口管材的使用不仅可以减少渗漏，而且在灾后重建中容易在原系统上进行快速维修。

（3）耐高温，阻燃防火

建筑排水管到具有贯穿、连接各楼层、房间的特性，一旦发生火宅，如果排水管材易熔、阻燃性能差，很快熔化、破裂，就会形成烟囱效应。铸铁排水管阻燃及高熔点使其具有很好的防火阻燃性能。

（4）无二次污染，可再生循环使用

铸铁材质本身不含化学毒素，不会对污、废水产生二次污染，并且当建筑物或排出管道报废拆解时，铸铁排水管材可 100% 回收再生，循环使用，符合国家推行的节能减排政策。

建筑高度超过 100m 的高层建筑、对防火等级要求高的建筑、要求环境安静的场所，环境温度可能出现 0℃ 以下的场所以及连续排水温度大于 40℃ 或瞬时温度大于 80℃ 的排水管应采用柔性接口机制排水铸铁管及其管件。

承插式柔性接口排水铸铁管的紧固件材料可为热镀锌碳素钢。当排水铸铁管埋地敷设时，其紧固件应采用不锈钢材料制作，并采取相应防腐蚀措施。

2. 排水塑料管

目前，在建筑内部广泛使用的排水塑料管是光壁硬聚氯乙烯塑料排水管（简称 PVC-U 管），其具有重量轻、不结垢、不腐蚀、外壁光滑、容易切割、便于安装、可制成各种颜色、投资省的优点。但光壁硬聚氯乙烯塑料排水管强度低、耐温性差（使用温度在 −5～50℃ 之间）、排水立管噪声大、暴露于阳光下管道易老化、防火性能差，作为排水立管排水使用时通气效果差等缺点。排水塑料管有普通塑料排水管、芯层发泡排水塑料管、拉毛排水塑料管和螺旋消音排水塑料管几种。

塑料排水管在抗震地区宜在多层或高度不超过 50m 的建筑中采用，或排水支管全部采用塑料管而排水立管及排出管采用柔性接口铸铁管及管件。

3. 管材特性比较

表 4-2 为建筑排水常用管材特性比较。

对于铸铁排水管而言，现在使用最多的是卡箍式铸铁排水管，在 20 世纪 60 年代开始进入国际市场，经过几十年的推广和应用，这种管材已得到国际上的普遍认可。根据美国铸铁排水管协会（CISPI）的统计资料，在过去的几十年中，仅北美地区就有近 7.5 亿个不锈钢卡箍被用于建筑排水系统中。亚洲的一些国家如日本、新加坡、马来西亚及香港地区的许多工程也都采用这种管材。马来西亚吉隆坡城市发展中心双塔楼（451.9m）、香港的中环广场（374m）、上海金茂大厦（88 层）等标志性建筑都采用卡箍式铸铁排水管。

		金属管材		非金属管材		
		铸铁管	钢管	PVC-U	HDPE	ABS
物理化学性能	密度(g/cm³)	7.20～7.85	7.20～7.85	1.5	0.95	1.02
	抗拉强度(MPa)	150～260	450	40	25	40
	导热系数[W/(m·K)]	50	50	0.16	0.48	0.26
	线胀系数伸缩率[mm/(m·K)]	0.0117	0.012	0.07	0.22	0.11
	噪声(dB)	46.5	—	58	—	—
	排水温度(℃)	－40～120	－40～120	－15～55	－60～60	－20～80
	熔点(℃)	1150	1500	185	145	175
	耐腐蚀性	★★★★☆	★★☆☆☆	★★★★☆	★★★★☆	★★★★☆
	有机溶剂腐蚀	★★★★★	★★★★★	★★★★☆	溶解腐蚀	★★★★☆
	耐老化性	★★★★★	★★★★★	★☆☆☆☆	★★☆☆☆	★★☆☆☆
使用性能	外观	★★☆☆☆	★★★☆☆	★★★★★	★★★★★	★★★★★
	柔性抗震	★★★★★	★★★★★	★☆☆☆☆	★★★☆☆	★★★☆☆
	安全卫生性	★★★★★	★★★★★	★★☆☆☆	★★★★☆	★★★★☆
	可回收和降解性能	★★★★★	★★★★★	★★☆☆☆	★★☆☆☆	★★☆☆☆
	成本费用	★★★☆☆	★★★☆☆	★★★★★	★★★☆☆	★★★☆☆
	设计使用年限(年)	60	25	—	—	—
	排水通气能力	★★★★☆	★★★☆☆	★★☆☆☆	★★☆☆☆	★★☆☆☆
管道系统组成	管道	✓	✓	✓	✓	✓
	管件	✓	✓	✓	✓	✓
	卡箍、法兰压盖	✓	✓	✓	✓	✓
	密封橡胶圈	✓	✓	✓	✓	✓
	支承件	✓	✓	✓	✓	✓
	紧固螺栓	✓	✓	✓	✓	✓
	伸缩节	—	—	✓	✓	✓
	防火套管	—	—	✓	✓	✓
	防火圈	—	—	✓	✓	✓
	粘结胶水	—	—	✓	✓	✓
	隔声降噪套管	—	—	✓	✓	✓

建筑排水常用管材特性比较 表 4-2

4.3.3 抗伸缩性能

《建筑给水排水设计规范》GB 50016—2003（2009 年版）第 4.3.10 条规定："塑料排水管道应根据其管道的伸缩量设置伸缩节…"、"当排水管道采用橡胶密封配件时，可不设伸缩节。"这主要是考虑到环境温度的变化而引起管道线性伸缩，特别是北方地区的温度变化范围大，更应该充分考虑这个因素产生的负面影响，表 4-3 列出了不同温差、不同管材、不同管长对应的伸缩量。

管道温差变化引起的伸缩量可按式（4-1）计算：

$$\Delta L = L \cdot \alpha \cdot \Delta t \qquad (4-1)$$

式中　ΔL——管道伸缩量，m；

L——计算管道长度，m；

α——线胀系数，m/(m·℃)；PVC-U 塑料排水管取 $\alpha = 7 \times 10^{-5}$ m/(m·℃)，铸铁管取 $\alpha = 1.1 \times 10^{-5}$ m/(m·℃)；

Δt——温差，℃。

不同条件下的管道伸缩量（mm）　　　　　表 4-3

管材	温差 (℃)	管道长度(m)			
		3	4	5	6
PVC-U 塑料管	40	8.4	11.2	14	16.8
	60	12.6	16.8	21	25.2
铸铁管	40	1.32	1.76	2.2	2.64
	60	1.98	2.64	3.3	3.96

注：设计时宜按最热月平均温度和最冷月平均温度之差计算。

设计时，还应注意管道设计伸缩量不应大于伸缩节最大允许伸缩量，不同规格的伸缩节最大允许伸缩量见表 4-4。

最大允许伸缩量　　　　　表 4-4

公称直径(mm)	50	75	110	160
最大允许伸缩量(mm)	12	15	20	25

铸铁管的连接采用卡箍式柔性连接或法兰承插柔性连接，《建筑排水用柔性接口铸铁管安装》（04S409）中要求卡箍连接时保证管口安装间隙 3mm，法兰承插连接时保证管口安装间隙 5mm，从表 4-3 可以看出，该安装间隙已基本满足管道伸缩的要求。

目前，PVC-U 塑料排水管普遍采用粘结，属于永久性的刚性连接，管道微小的线性伸缩轻则导致管道产生明显的弯曲变形，重则导致管道接口裂开漏水，结合表 4-3 和表 4-4 数据，$dn110$ 的立管在层高小于或等于 4m 时可仅设置一个伸缩节，由于施工安装的误差，建议在层高超过 4m 时根据计算伸缩量确定伸缩节数量。

4.3.4　抗震性能

我国是地震频发和震灾严重的国家之一，特别是本世纪的数次强震给人民群众造成了巨大的生命和财产损失。目前，仅有《室外给水排水和燃气热力工程抗震设计规范》涉及给水排水专业的抗震要求，尚无有关建筑给水排水的抗震设计规范，仅在《全国民用建筑工程设计技术措施（给水排水）》（2009 年版）中对特殊地区建筑给水排水章节中限定了塑料管的使用范围。对建筑排水系统的设计应符合"大震可修、中小震不漏水"的原则。

在地震荷载的作用下，建筑排水管道跟随建筑物摆动，产生轴向位移变形和水平位移变形（层间水平位移），表 4-5 是排水管道抗震模拟试验数据。

刚性接口和柔性接口开裂渗漏临界位移值（mm）　　　　　表 4-5

位移类别	刚性接口	柔性接口
轴向位移	0.05	12
水平位移	1.2	31.5

地震时，建筑排水立管的轴向位移破坏和温差引起的管道伸缩变形是相同的。这里仅进行多遇地震作用下建筑排水管道的最大弹性层间水平位移验算，根据《建筑抗震设计规范》GB 50011—2010 第 5.5.1 条规定，按照下式计算：

$$\Delta u_e \leqslant [\theta_e] h \tag{4-2}$$

式中　Δu_e——多遇地震作用标准值产生的楼层内最大的弹性层间位移，m；

　　　$[\theta_e]$——弹性层间位移角限值；

　　　h——计算楼层层高，m。

表 4-6 是根据不同弹性层间位移角限值和不同计算楼层层高下计算得到的水平层间位移。

最大弹性层间水平位移（mm）　　　　　　表 4-6

结构类型	$[\theta_e]$	楼层层高（m）			
		3	4	5	6
钢筋混凝土框架	1/550	5.45	7.27	9.09	10.91
钢筋混凝土框架-抗震墙、板柱-抗震墙、框架-核心筒	1/800	3.75	5	6.25	7.5
钢筋混凝土抗震墙、筒中筒	1/1000	3	4	5	6
钢筋混凝土框支层	1/1000	3	4	5	6
多、高层钢结构	1/300	10	13.33	16.67	20

由表 4-6 可见，建筑物结构抗震设计要求内的最大弹性层间水平位移并没有超过柔性连接的建筑排水管道抗裂渗漏的最大层间水平位移，而采用诸如粘结的 PVC-U 排水管则必须要采取设置伸缩节等位移补偿措施。

经过大量的性能试验、理论计算和工程实践的验证，柔性接口机制排水铸铁管用于 9 度抗震设防是安全的。

4.3.5　排水通气性能

作为建筑排水横管，塑料排水管内壁光滑，在相同的管道坡度、管道截面积和充满度下，流速和管道粗糙系数成反比，确实是塑料管通水能力大。但排水立管与排水横管不同，排水立管的排水能力很大程度上跟通气效果有关，近年来，不少学者、科研机构对铸铁排水管和塑料排水管（光壁）的排水通气能力进行测试，结果表明在相同的系统类别、相同的测试条件下，铸铁排水立管的排水能力大于（光壁）塑料排水立管的排水能力，确切地说，应该是排水通气能力。这一观点纠正了过去认为（光壁）塑料排水管排水能力大于铸铁排水管排水能力的错误认识，《建筑给水排水设计规范》GB 50015—2003（2009 年版）对建筑排水立管排水能力的修订内容也体现了这一点，表 4-7 是《建筑给水排水设计规范》规范管理组在日本积水栗东排水试验塔的测试数据。

《建筑给水排水设计规范》GB 50015—2003（2009 年版）第 4.4.11 条表 4.4.11 未体现不同管材、不同工况下排水能力的差异，但设计人员应有足够的认识，特别是针对仅设伸顶通气的普通单立管排水系统和特殊单立管排水系统，随着建筑层数的增加，塑料排水立管排水能力的下降速率高于铸铁排水立管。

4.3.6　隔声性能

建筑排水系统持续性的噪声是人们对建筑排水系统最直接的感受，也是人们反映最为普遍性的问题。排水立管内的水流呈不充盈和重力流状态，摩擦、冲击、碰撞、振动产生噪声在所难免。即使在设计中可以做到合理布置排水立管的位置，但对卧室、客厅的隔声效果仍不甚理想。

PVC-U 塑料管和铸铁管实测排水数据　　　　　　　表 4-7

系统形式	管材	立管管径 (mm)	横干管管径 (mm)	排水楼层 (层)	排水能力 (L/s)
伸顶通气	PVC-U	110	110	17	1.5
	铸铁	100	100	17	2.8
	PVC-U	110	110	10	2.0
	铸铁	100	100	10	3.1
专用通气	PVC-U	110	110	17	2.7
	铸铁	100	100	17	5.2
	PVC-U	110	110	10	3.5
	铸铁	100	100	10	5.9

不同的管材在排水时产生不同的噪声值，铸铁排水管的隔声性能优于（光壁）塑料排水管已为业界公认，有试验资料显示，公称直径同为 DN100 的 PVC-U 塑料排水管和铸铁管在排水流量为 2.7L/s 时，距管道 1m 处实测噪声值分别为 58dB 和 46.5dB，这主要是由于铸铁排水管密度大、组织致密、内壁较为粗糙，铸铁中的石墨对振动能起到缓冲作用，阻止晶粒间振动动能的传递。另外，相比采用刚性粘结的 PVC-U 塑料排水管，铸铁排水管采用柔性橡胶连接也起到削弱振动传递的效果。正因为（光壁）塑料排水管存在噪声大的致命弱点，衍生出了各种改性材料和特殊工艺的塑料排水管，如 PP 静音排水管、PVC-U 螺旋消音排水管等，改善了隔声降噪性能。

因此，对建筑标准要求较高的建筑（如宾馆、住宅、别墅等）、要求环境安全的场所（如医院、会议室、图书馆等），就不宜采用（光壁）塑料排水管，如果一定要采用，也建议采用特制的消音排水塑料管材及管件或采取相应的空气隔声、结构隔声措施，如暗装排水立管、管道支架设橡胶衬垫、设置隔声套管、穿楼板处管道外壁包缠消声绝缘材料等。

4.3.7　其他性能

表 4-8 为 PVC-U 塑料排水管和铸铁排水管其他特性比较。

PVC-U 塑料排水管和铸铁排水管其他特性比较　　　　表 4-8

比较项目	铸铁管	PVC-U 塑料排水管
密度(g/cm³)	7.20～7.85	1.5
抗拉强度(MPa)	150～260	40
导热系数[W/(m·K)]	50	0.16
排水温度(℃)	−40～120	−15～55
熔点(℃)	1150	185
耐腐蚀性	★★★★☆	★★★★☆
有机溶剂腐蚀	★★★★★	★★★★☆
耐老化性	★★★★★	★☆☆☆☆
可回收和降解性能	★★★★★	★★☆☆☆
设计使用年限(年)	60	—

4.3.8　管材适用场所

表 4-9 给出 PVC-U 塑料排水管和铸铁管的适用场所。

PVC-U 塑料排水管和铸铁管的适用场所 表 4-9

适用条件	PVC-U 塑料排水管	铸铁管
建筑高度≤50m	办公楼、学校、宿舍、厂房、车站、9 层以下(含 9 层)住宅等	医院、宾馆、会议楼、别墅、10 层以上(含 10 层)住宅
50m<建筑高度≤100m	谨慎采用	宜采用
建筑高度>100m	不能采用	应采用
排水温度特殊要求	连续排水温度小于 40℃且最低环境温度大于 0℃	连续排水温度大于 40℃或瞬时排水温度大于 80℃

注：管材选用时，首先考虑排水温度，其次考虑建筑高度，再次考虑建筑类型。

4.3.9 管件和配件设置

为了使建筑同层检修排水系统的设计更科学合理，应注意一些管件和配件的设置要求。

（1）对于特殊单立管建筑同层检修排水系统，无排水横支管接入的楼层应设置直通加强型旋流器，层高超过 6.0m 的楼层也应在该楼层立管中部增加设置直通加强型旋流器。

（2）为确保接口部位严密牢固，采用卡箍式铸铁排水时，当生活排水系统立管高度超过 30m 的立管底部转弯处和排水横管起点设置堵头（代替清扫口）处应设置加强型卡箍，在设计说明或排水系统原理图中应特别交代。

（3）与同层检修地漏和水封盒相连接的排水横支管上不得设置存水弯（不含蹲式便器）或其他水封装置。建筑同层检修排水系统是一种不使用任何诸如"P"形存水弯、"S"形存水弯等管件形式的水封，在绘制卫生间、厨房和阳台排水系统图时应予特别注意。

（4）同层检修地漏的设置位置应便于清理和检修，并宜靠近排水立管。

（5）系统测试检查口的设置要求与普通铸铁立管检查口相同，要点如下：铸铁排水立管上系统测试检查口之间的距离不宜大于 10m；但在建筑物最低层和设有卫生器具的二层以上建筑物的最高层应设置系统测试检查口，当立管水平拐弯或有乙字管时，在该层立管拐弯处和乙字管的上部应设系统测试检查口，设置高度为距地 1m，在铸铁排水横管设置检查口时，应采用铸铁普通立管检查口。

（6）为了便于设计人员把握器具连接器的设置要求，器具连接器主要是考虑到两点：第一，充分降低同层检修地漏距器具排水口管段内的气体受微弱气流、自由扩散和排水时微弱压力波动的影响而造成气体外逸的可能；第二，为了方便器具排水管的插拔清洗。特别是有小便器接入同层检修地漏时，由于水质成分较家用卫生间废水更复杂，气味一旦扩散对人体造成主观不良感受，因此，小便器下方应设置器具连接器。

当接入同层检修地漏的排水横支管上接有小便器时，其下方应设置器具连接器。符合下列情况时，排水器具（不含大便器）下方宜设置器具连接器：

1）超过 1 个（含 1 个）器具排水口距同层检修地漏的水平距离超过 1m 时；

2）各器具排水口距同层检修地漏的累计间距均 1.5m 时。

4.4 管道敷设

4.4.1 一般规定

建筑排水管道的敷设原则是应在保证排水通畅、安全可靠的前提下，兼顾经济、施工、管理、美观等因素。

1．排水通畅，水力条件好

为使建筑排水系统能够将室内产生的污废水以最短的距离、最短的时间排至室外，应采用水力条件好的管件和连接方法。排水支管不宜太长，尽量少转弯，连接的卫生器具不宜太多；立管宜靠近外墙，靠近排水量大、水中杂质多的卫生器具，地漏应设置在易溅水的器具附近地面的最低处；排出管以最短的距离排出室外，尽量避免在室内转弯。

2．保证排水管道不被损坏

在一些房间或场所布置建筑排水管道时，应保证这些房间或场所的正常使用。为使建筑排水系统安全可靠的使用，还必须保证排水管道不会受到腐蚀、外力、撞击等破坏。如管道不得穿越沉降缝、烟道、风道；管道穿过承重墙和基础时应预留孔洞或预埋套管；埋地管不得布置在可能受重物压坏处或穿越生产设备基础；在抗震地区排水立管应采用柔性接口；塑料排水管道应远离温度高的设备和装置，并且在汇合配件处（如三通）设置伸缩节，在塑料排水管穿越楼层、防火墙、管道井井壁时，应根据建筑物性质、管径和设置条件以及穿越部位防火等级等要求设置阻火装置。

3．室内环境卫生条件好

为创造一个安全、卫生、舒适、安静、美观的生活、生产环境，排水管道不得穿越卧室、病房等对卫生、安全要求较高的房间，并不宜靠近与卧室相邻的内墙；住宅卫生间的卫生器具排水管尽量不要穿越楼板进入他户。

4．施工安装、维护管理方便

为便于施工安装和后续维护，排水管道距楼板和墙应保持一定的距离。为便于日常维护管理，排水立管宜靠近外墙，以减少埋地横干管的长度；对于废水含有大量的悬浮物或沉淀物，排水管道需经常冲洗，排水支管较多，排水点位置不固定的场所可以用排水沟代替排水管。应按规范规定设置检查口或清扫口等。

5．占地面积小，总管线短，工程造价低

减少排水管道占用空间，把更多空间留给使用者，这也是设计人员的目标。排水管线长度短，相对水力条件好，也相应地降低排水系统的工程造价。

4.4.2 与建筑同层检修排水系统相关规定

由于建筑同层检修排水系统有别于普通单立管排水系统和双立管排水系统，因此，有必要对建筑同层检修排水系统管道敷设特别之处加以说明。

1．特殊管件的敷设

（1）有排水横支管接入卫生间生活污水立管或废水立管的每个楼层都应设置加强型旋流器，且其间距不应大于6.0m。无排水横支管接入的楼层应设置直通加强型旋流器；层高超过6.0m的楼层也应在该楼层立管中部增加设置直通加强型旋流器。

（2）当排水立管上设有加强型旋流器或导流连体地漏时，应保证扩容段管壁距墙仍有不小于25mm的净距；应保证管道接口与墙、梁、板的净距能够便于安装及检修，净距不宜小于50mm。

（3）系统测试检查口仅设置在排水立管上，设置间距和设置位置应符合《建筑给水排水设计规范》的要求，排水横管上设置的检查口宜选择普通检查口。排水立管暗装时，应在系统测试检查口所处位置的管道井上设置检修门。

2. 特殊配件的敷设

（1）同层检修地漏出水管接入 DN100 排水横支管时，应采用管顶平接，并且同层检修地漏接入位置沿水流方向宜在大便器接入口的上游；

（2）与同层检修地漏和水封盒相连接的排水横支管上不得设置存水弯（不含蹲式便器）或其他水封装置；

（3）同层检修地漏的设置位置应便于清理和检修，并宜靠近排水立管；

（4）同层检修地漏应用于降板同层排水时，积水收集皿的数量可根据卫生间面积或使用要求确定，其位置可遵循"分块设置、中心布置"的原则。

3. 立管偏置或转换

加强型旋流特殊单立管排水系统由于排水水流在排水立管中的附壁旋流、有效的消除水舌、水塞现象，减缓立管水流速度，改善系统水力工况，降低排水立管内的压力波动和水流噪声，增大排水立管的排水能力，有着良好的应用效果。但是排水立管中的附壁旋流在排水立管需要偏置或转换时，流态将发生变化，排水能力和系统设置上就需进行调整。因此，在设计中宜考虑下列几个问题，合理调整系统设置，确保系统的排水能力。

（1）当排水立管偏置或转换时，前端排水立管的底部将出现涌水现象，对偏置或转换前后排水立管的气流串通及压力波动产生影响。因此，在设计中应考虑排水立管统偏转或转换前后管段的气流贯通及压力平衡，需要加设辅助通气立管与偏置或转换前后的排水立管串接，保证气流的贯通。

（2）当排水立管偏置或转换时，应根据排水立管的排水负荷，确定偏置或转换横管的管径及敷设要求。由于加强型旋流特殊单立管排水系统具有附壁旋流的流态特点，其排水能力相对较大。而偏置或转换的排水横管为非满管的重力流排水，仅靠有限的坡度调整来承担排水负荷。当上游排水立管流量较大和横管敷设坡度受限时（场地条件、最大流速限制），仅能以放大排水横管管径的方式提升排水能力。因此，在设置偏置和转换的特殊单立管排水系统中，应核对与排水立管同径的排水横管所能承担的最大设计排水能力，确定排水负荷，并非以特殊单立管排水系统的最大设计排水能力来确定排水负荷，否则应核对和调整排水横管的敷设坡度或管径。

（3）当排水立管偏置或转换后，其偏置或转换后的下部排水立管无排水横支管接入时，可按排水横管的排水负荷和管径，确定排水立管及排水出户管管径，系统较易设置（不受管材规格限制）。如果偏置或转换后的下部排水立管仍有排水横支管接入时，即应考虑和复核上游的排水负荷和管径配置，当偏置或转换的排水横管与上游排水立管采用同规格管径时，偏置或转换后仍可采用同径排水立管对接；当偏置或转换后，受条件限制，排水横管采用放大管径承接排水负荷，则根据排水管道设置要求，偏置或转换后排水立管也应相应放大，满足系统设置要求。

（4）由于现有的特殊单立管仅有 DN100 配件，当出现上述需要放大管径的设置方式时，仅能将下部排水横支管单独设置系统（分开设置）或采用其他型式的排水方式。

4.4.3 管道偏置和汇合做法

1. 管道偏置

加强型旋流器特殊排水系统排水立管不宜偏置。受条件限制排水立管必须偏置时可采取下列相应技术措施：

（1）偏置距离≤1.0m（小偏置）时，可采用45°弯头连接，做法如图4-5所示；

（2）偏置距离＞1.0m（大偏置）时，可在偏置后的立管上部设置辅助通气管，做法如图4-6所示。当水中污物较多或含有洗衣粉泡沫时，辅助通气管的管径应为DN100。

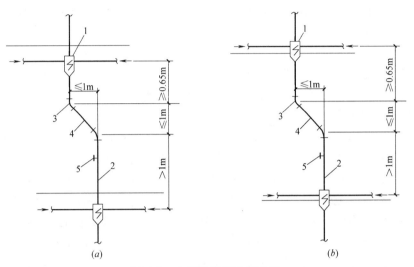

图4-5　小偏置管道连接示意

（a）异层安装；（b）同层安装

1—加强型旋流器；2—排水立管；3—45°弯头；4—直管段；5—系统测试检查口

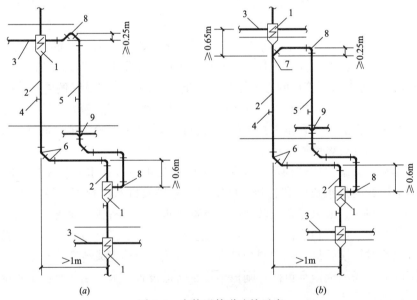

图4-6　大偏置管道连接示意

（a）异层安装；（b）同层安装

1—加强型旋流器；2—排水立管；3—排水横支管；4—系统测试检查口；5—辅助通气管；

6—2个45°弯头；7—Y形三通；8—90°弯头；9—排水三通或四通

2. 管道汇合

（1）当多根排水立管接入横干管时，应在排水横干管管顶或其两侧45°范围内采用45°斜三通接入。且排水立管管底至排水横干管接入点宜有不小于1.5m的水平管段。

（2）采用特殊单立管建筑同层检修排水系统遇到两根和两根以上排水立管汇合时应采取的技术措施，汇合后的排水横干管应进行水力计算并在设计图中中明确排水横干管管道材质、管径和坡度，并在汇合横干管末端竖直转向立管上方设置通气立管，该通气立管管径可比横干管管径小一至两档，但不应小于 DN75。具体做法可参考图 4-7。

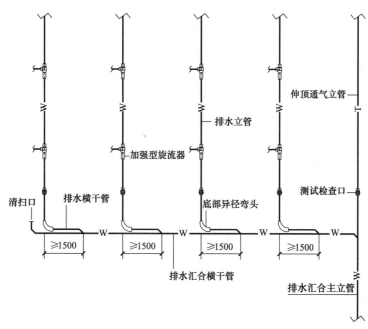

图 4-7　多根排水立管接入横干管连接示意

4.4.4　底层排水横管做法

底层排水横支管宜单独排出，不应与排水立管相连接。当底层排水横支管确无条件单独排出时，可采取以下措施：

（1）底层排水横支管连接在排水横干管或排出管上时，连接点距立管底部下游水平距离不得小于 1.5m；

（2）底层排水横支管接入横干管竖直转向管段时，连接点距转向处以下不得小于 0.6m。

4.5　预留与预埋

在设计时应充分考虑到排水管道穿室内墙体、地下室外墙、楼板、梁等部位应采取的技术措施，可以假想排水管道的现场安装场景，以便做好建筑同层检修排水系统的预留预埋工作，如果因图纸中未注明而导致后续施工中存在未预留孔洞或预埋件、预埋防水套管等情况时，势必会影响到工程进度，且后续补开孔洞也不利于建筑结构的安全性。

建筑同层检修排水系统除了与一般的建筑排水系统需要做好相同的预埋预留外，特别应注意特殊管件和特殊配件的预留预埋问题。主要包括不同材质管道要求穿越不同部位的做法、特殊管件和特殊配件的预留孔洞和预埋问题。要求在图纸中体现出预留预埋的位置、预留孔洞形状、尺寸和预埋的套管尺寸、套管材质或特殊配件。预留预埋具体施工方法见第 5 章安装的相关内容。

建筑同层检修排水系统立管及特殊配件预留或预埋孔洞尺寸可按表 4-10 确定，未列出的预留孔洞尺寸应按现行有关国家标准、规范的要求确定，需要特别指出的是若卫生间采用建筑同层检修排水系统，应在设计中注明预埋同层检修地漏楼板防水套的有关事宜，并与土建结构专业协调处理。

表 4-10
建筑同层检修排水系统预留或预埋孔洞尺寸

排水类型	位 置		孔洞尺寸(mm)	备注
同层排水	卫生间	排水立管(1 根)	ϕ180	圆孔
		排水立管(2 根)	450(长)×180(宽)	方孔
		同层检修地漏	ϕ125×65(深)	预埋
	厨房和阳台	排水立管	400(长)×220(宽)	方孔
异层排水	卫生间	排水立管(1 根)	ϕ180	圆孔
		排水立管(2 根)	450(长)×180(宽)	方孔
		同层检修地漏	ϕ150	圆孔
		器具连接器	ϕ100	圆孔
	厨房和阳台	排水立管	ϕ180	圆孔

4.6 水力计算

建筑同层检修排水系统的水力计算内容与一般的建筑排水系统相同，主要包括：通过计算排水立管排水设计秒流量确定系统通气方式、排水立管管径；通过计算确定排水横干管和排出管的坡度及管径；分支管的水力计算和通气立管的汇合计算等不作为重点，可参考有关规范或书籍。

4.6.1 管道水力计算

管道水力计算包括排水立管、排水横干管和排出管的水力计算。排水立管水力计算主要是为确定建筑同层检修排水系统应选用的通气系统以及管材管件，排水横干管和排出管水力计算主要是为确定其管径和坡度。

1. 计算公式一

住宅、宿舍（Ⅰ、Ⅱ类）、旅馆、宾馆、酒店式公寓、医院、疗养院、幼儿园、养老院、办公楼、商场、图书馆、书店、客运中心、航站楼、会展中心、中小学教学楼、食堂或营业餐厅等建筑生活排水管道设计秒流量。计算公式一计算成果也可查附录 C 对应表格。

$$q_\mathrm{p}=0.12\alpha\sqrt{N_\mathrm{p}}+q_\mathrm{max} \tag{4-3}$$

式中　q_p——计算管段排水设计秒流量，L/s；

　　　N_p——计算管段的卫生器具排水当量总数；

　　　q_max——计算管段上最大一个卫生器具的排水流量，L/s；

　　　α——根据建筑物用途而定的系数，按表 4-11 确定。

2. 计算公式二

宿舍（Ⅲ、Ⅳ类）、工业企业生活间、公共浴室、洗衣房、职工食堂或营业餐厅的厨房、实验室、影剧院、体育场馆等建筑的生活管道排水设计秒流量，应按式（4-4）计算：

根据建筑物用途而定的系数 α 值　　　　　表 4-11

建筑物名称	宿舍（Ⅰ、Ⅱ类）、住宅、宾馆、酒店式公寓、医院、疗养院、幼儿园、养老院的卫生间	旅馆和其他公共建筑的盥洗室和厕所间
α 值	1.5	2.0～2.5

$$q_p = \sum q_0 n_0 b \qquad (4-4)$$

式中　q_0——同类型的一个卫生器具排水流量，L/s；

　　　n_0——同类型卫生器具数；

　　　b——卫生器具的同时排水百分数。

3. 排水横管水力计算公式

排水横管或排出管在不同充满度下的排水能力可根据下式直接计算，计算成果也可直接查附录 D（铸铁排水管）、附录 E（硬聚氯乙烯排水管）、附录 F（高密度聚乙烯排水管）对应表格的数值。

$$q_p = A \cdot v \qquad (4-5)$$

$$v = \frac{1}{n} R^{2/3} I^{1/2} \qquad (4-6)$$

式中　A——管道在设计充满度的过水断面，m^2；

　　　v——流速，m/s；

　　　R——水力半径，m；

　　　I——水力坡度，采用排水管道坡度；

　　　n——粗糙系数，铸铁排水管为 0.013，塑料排水管为 0.009。

4.6.2　排水立管最大设计排水能力

本节主要包括两部分内容：一是建筑同层检修排水系统在不同条件下的排水立管最大（设计）排水能力；二是探讨排水立管最大实测排水流量和排水立管最大（设计）排水能力的区别和联系。

建筑同层检修排水系统立管最大（设计）排水能力应根据立管系统类别和管件型式确定。排水立管公称直径为 100mm 时，可按表 4-12 确定不同条件下的立管最大（设计）排水能力，排水立管公称直径非 100mm 时，可按现行国家有关标准确定。

建筑同层检修排水系统立管最大（设计）排水能力（L/s）　　　表 4-12

系统类别	约束条件		≤15层	>15层
普通单立管排水系统	立管与横支管连接配件	90°顺水三通	3.2	2.9
		45°斜三通	4.0	3.6
特殊单立管排水系统	Ⅰ类加强型旋流器	立管材质为铸铁管	8.0	7.5
		立管材质为塑料管	7.5	6.5
	Ⅱ类加强型旋流器	立管材质为铸铁管	7.5	6.5
		立管材质为塑料管	6.5	6.0

系统类别	约束条件		≤15 层	>15 层
双立管排水系统	专用通气管 100mm	结合通气管每层连接	8.8	8.0
		结合通气管隔层连接	4.8	4.3

注：《建筑给水排水设计规范》GB 50015—2003（2009 年版）称为"最大设计排水能力"；《加强型旋流器特殊单立管排水系统设计规程》CECS 307—2012 称为"最大排水能力"。

排水立管的最大设计排水能力主要取决于排水系统的通气效果和管材管件的内部构造，《建筑给水排水设计规范》GB 50015—2003（2009 年版）将原规范中的 4 个表格合为 1 个，合并后的最大设计排水能力普遍低于原规范值。

原因是原规范表格中数值主要是根据苏联经验结合终限流速理论计算的结果，原规范采用"立管最大排水能力"表述，而修订后引入了"立管最大设计排水能力"的概念。现在规范表格中的数据是基于实测排水流量的，那么立管最大实测排水流量和立管最大设计排水能力有什么区别，又有什么关联呢？下面以特殊单立管排水系统为例简要说明这个问题。

近年来，国内掀起的特殊单立管排水系统研发和应用热潮首当其冲的是关于其流量的问题，国内各类特殊单立管排水系统关于流量的数据大部分来源于湖南大学土木工程学院实验楼的流量测试。其测试要点为定流量法，双重指标控制（压力波动和水封损失），测得的结果就是一个确切的数字，这个数字就是排水立管最大实测排水流量（排水立管最大排水能力）。但建筑物内生活排水实际工况是千变万化的，卫生器具排水的随机规律性和水质成分的复杂性等因素导致无法模拟或接近模拟真实的排水系统，也就是测试工况与实际运行工况是存在差别的。《建筑给水排水设计规范》GB 50015—2003（2009 年版）就强调了这一点，引入立管最大设计排水能力的概念。排水立管最大实测排水流量是在一定的测试条件下实测到的，是一个固定的流量值，是客观性的试验数据；而排水立管最大设计排水能力是根据有关试验资料结合经验确定的，是主观性的设计参数。

《建筑给水排水设计规范》GB 50015—2003（2009 年版）在第 4.4.11 条文说明中指明：以仅伸顶通气的 DN100 排水立管承担 9 层住宅排水当量 88（每层接大便器、浴盆、洗脸盆、洗衣机各一件）为边界条件，将其他排水系统的实测流量与该基准实测流量进行比对，再确定其他排水系统的最大设计排水能力，而不是简单地打折。从表 4-13 中知道，DN100 排水立管采用 90°顺水三通仅伸顶通气时立管最大设计排水能力为 3.2L/s，这个数字非常接近于这个 9 层住宅计算得到的排水设计秒流量 3.19L/s，但条文说明中没有直接给出 DN100 排水立管采用 90°顺水三通仅伸顶通气时的排水立管最大实测排水流量（规范管理组的一些实测数据可参见表 4-7）。以 9 层住宅为边界条件进行对比确定其他排水系统的最大设计排水能力，可以按下式表达。

$$立管最大设计排水能力＝立管最大实测排水流量 \times \frac{3.2}{边界条件基准立管最大实测排水流量}$$

$$(4-7)$$

边界条件基准排水立管最大设计排水能力与秒流量非常接近，这不会是偶然的，是为了有一个比对基准。实测工况是定流量，实际工况是瞬时流量，该边界条件为 9 层住宅排水当量 88（每层接大便器、浴盆、洗脸盆、洗衣机各一件），按瞬时流量法计算得到排水设计秒流量是 3.19L/s。按目前采用的定流量法，具体为：从顶层开始放水逐层向下，每层放水流量最大不应大于 2.5L/s，最小不应小于 0.25L/s，其间可按 0.25L/s 递增或递减，本层达到 2.5L/s 后，应转向下层放水。不得出现测试塔各层都放水的放水工况。计算得到该边界条件的放水流量介于 2.25 和 22.5 之间，当然在控制一定条件下必然可以得到一个实测流量值，该值正是排水立管最大实测排水流量。

如果测试时改变排水楼层数，将得到不同的排水立管最大实测排水流量，将他们分别与对应不同排水楼层数计算得到的秒流量进行对比，相信会得到一个相对固定的值 μ，可以用下式表达，暂以字母 μ 表示。

$$\mu = \frac{\text{边界条件按当量法计算得到的秒流量}}{\text{边界条件基准立管最大实测排水流量}} = \frac{\text{测试工况当量法计算得到的秒流量}}{\text{测试工况下立管最大实测排水流量}} \quad (4-8)$$

但实际情况是测试条件有限，不可能不断改变排水楼层数以获得不同的测试数据，所以规范才给出了以 9 层住宅排水当量 88 作为统一的边界条件。根据有关资料，以日本以 40 层住宅（每层接大便器、洗脸盆、家用洗衣机、浴盆各一件）排水立管为例，当量法的计算结果相当于按日本 SHASE-S206 定流量法测试结果的 0.625 倍。综合以上所述，可以用图 4-8（图中数据来源于规范管理组 2006.11.1～2007.4.10 在日本积水栗东工厂排水试验塔和积水栗东工厂试验场的测试数据）来简单表示规范条文说明提到的边界条件下排水设计秒流量、立管最大实测排水流量、立管最大设计排水能力、定流量法放水流量（不考虑控制条件）之间的关系和趋势。

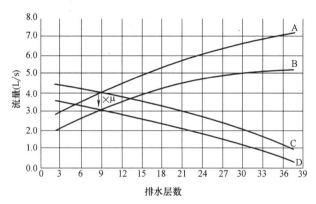

图 4-8　相同边界条件下各流量比较

A—定流量法放水流量；B—当量法计算设计秒流量；

C—立管最大实测排水流量；D—立管最大设计排水能力

4.6.3　美国建筑排水系统水力计算

本节结合美国建筑给水排水设计规范的要求，谈谈建筑排水涉及的排水立管的排水能力、排水立管中水流的终点速度和终点长度、水跃、卫生器具的排水流量等几个水力计算问题，可供扩展视野，了解国外（美国）的建筑给水排水设计的一些做法和思路。

1. 立管的排水能力

污水在立管中的流动与它在水平管和压力管中的流动是不一样的，与雨水在满流管中的流动也不一样。1932 年，亨特在一份报告中这样写道：

"水流在不满流的垂直管道中的流动情况随管中水流的充满程度而变化。当水流细小如缕的时候，它完全是附在管道内壁流下来的。当水流逐渐增大时，水附在管壁的厚度逐渐增大，直到空气对它的阻力促使它在管道的横断面方向形成短暂的水膜，像塞子一样下降，然后由于空气压力增加，水塞破裂，冲向管壁，或者单独在管中心处下落一小段距离。在管径为 3 英寸（75mm）的立管中，这种隔膜和水塞的形成是在立管管壁上的水层充满管道的 1/3～1/4 的时候。这种断续流动是室内排水系统中压力无规律变化的原因之一。"

通常排水系统中的压力变化不能超过 $25mmH_2O$（1 英寸水柱），不然的话，排水系统中的水封就会受到破坏，使臭气进入室内。这就是说，立管中不能形成气阻，因为气阻引起压力变化，压力变化破坏水封。

既然气阻在立管充满度达 1/4～1/3 的时候形成，那么立管的充满度就不得达到这个数值。美国的给水排水规范就是根据这个标准制定立管的排水能力的。大部分规定是按照充满度为 6/24（即 1/4）～7/24 之间来制定立管的容许排水能力的。

基于以上的观察和结论，立管的排水能力可以用下列的经验公式来确定：

$$q = 106.6r^{5/3}d^{8/3} \tag{4-9}$$

式中　q——立管的排水能力，L/s；

　　　r——立管中水流断面面积与整个立管断面面积之比；

　　　d——立管管径，mm。

表 4-13 按式 4-9 列出了不同 r 时的部分不同管径的立管容许流量，并将其转换成了 SI 制。表中未列出管径 50mm 和 $r=1/3$ 时的流量，因为在此条件下很有可能形成水塞和气阻。

立管的容许流量（L/s）　　　　　　　　　　　表 4-13

管径 (mm)	$r=1/4$	$r=7/24$	$r=1/3$
50	1.10	1.43	—
75	3.26	4.22	5.26
100	7.00	9.09	11.36
125	12.75	16.47	20.57
150	20.70	26.75	33.44
200	44.55	57.61	71.93
250	80.77	104.43	130.49
300	131.37	169.87	212.14

2. 立管中水流的终点速度和终点长度

观察发现，水在排水立管中流下来时并不像自由落体那样，速度可以无限制地加大。水流在刚刚进入排水立管时起，在下降的过程中流速逐渐加大，但是在经过某一段距离之后，流速就达到极限。流速的这一极限值被称为终点流速，而这一段距离就被称为终点长度。

终点流速可以用下面的经验公式来表示：

$$V_T = 10.07\left(\frac{q}{d}\right)^{2/5} \tag{4-10}$$

终点长度可以用下面的经验公式来表示：

$$L_T = 0.1706V_T^2 \tag{4-11}$$

式中 V_T——终点速度，m/s；

$\quad L_T$——终点长度，m；

$\quad q$——立管中水的流量，L/s；

$\quad d$——立管管径，mm。

3. 水跃

除了立管中水的断续流动以外，排水立管与水平管交接处附近发生的水跃是室内排水系统中压力无规律变化的另一个原因。图4-9为发生生排水管道中的水跃示意，一般在排水立管进入排水横干管或排出管时候容易发生水跃的水力学现象。

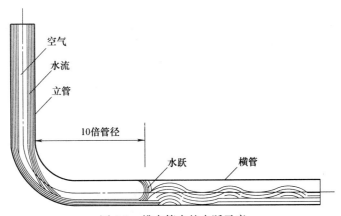

图 4-9　排水管中的水跃示意

发生水跃的原因是水流在立管中的速度比在水平管中大，水跃正是消耗这种多余能量的表现形式。以100mm（4英寸）立管和同管径的水平管为例，用式（4-9）求得的立管中的终点速度为3.84m/s（当立管中的流量为545.10L/min时），而水平管中水流速度只有0.66m/s（设置$n=0.013$，$S=0.01$，$h/D=0.5$）。水流速度从立管底部的终点速度沿水平管降低临界速度，水流由超临界状态转变为亚临界状态，于是水深突然增加，发生了水跃。

水跃大致发生在离立管与水平管的结合处10倍管径的位置。这就是规范规定不得从这一范围内接入水平支管的依据，我国建筑给水排水设计规范规定"排水支管连接在排出管或排水横干管上时，连接点距立管底部下游水平距离不得小于1.5m"这对于消除水跃的影响和防止底层水封被破坏、卫生器具发生喷溅现象具有重要的意义。

4. 卫生器具的排水流量

卫生器具的排水流量可用下式计算：

$$q=0.002333d^2h^{1/2} \tag{4-12}$$

式中 q——卫生器具的排水量，L/s；

$\quad h$——排水口以上水面的平均高度，m；

$\quad d$——排水管管径，mm。

4.7　主要配件库和设计标准库

4.7.1　建筑同层检修排水系统主要配件库

表4-14为建筑同层检修排水系统主要配件库（33种），具体安装尺寸可查附录A和附录B。

表 4-14

建筑同层检修排水系统主要配件库

B / BD	WAD	B3(I)	W3(I)	B3	W3	B2(I) / WA2(I)	B2 / WA2
B4Z(I)	W4Z(I)	B4P(I)	W4P(I)	B4Z	W4Z	B4P	W4P
WAJ	D-III	BTCP3-Z(I)	BTCP3-Y(I)	WTCP3-Z(I)	WTCP3-Y(I)	BTCP3	WTCP3
L-III	L-II	L-I	D-S	D-II	D-I	WB75-100	WB50-100
							WA50-100 / WA75-100

4.7.2　建筑同层检修排水系统设计标准库

图 4-10 为建筑同层检修排水系统设计标准库页面。

图 4-10　建筑同层检修排水系统设计标准库页面

4.8　工程设计实例

为了便于给排水设计人员快速了解和熟悉建筑同层检修排水系统在与传统排水系统在图纸表达方式上的差异。以住宅为例，主要从排水系统设计说明，建筑同层检修排水管道布置平面图，卫生间、厨房和阳台大样图和建筑同层检修排水系统展开图五个方面展示建筑同层检修排水系统具体做法。

4.8.1　工程概况

某地拟建一座 18 层高层住宅楼，总面积约 7200m^2，每层有四套，全楼共 72 套。户型分为两种：一简称双卫户型，有三间卧室、一间客厅（餐厅）、一间厨房、两间卫生间和三个阳台；二简称单卫户型，有两间卧室、一间书房、一间客厅（餐厅）、一间厨房、一间卫生间和一个阳台。双卫户型卫生器具有：两个坐式大便器、两个台式洗脸盆、两个淋浴间，一个双眼洗涤盆，两台洗衣机；单卫户型卫生器具有：一个坐式大便器、一个立式洗脸盆、一个淋浴间，一个双眼洗涤盆，一台洗衣机。本工程建筑排水系统按建筑（同层排水）同层检修排水系统设计。

4.8.2　设计计算

1. 排水系统方案确定

（1）根据设计任务要求，本工程为采用建筑（同层排水）同层检修排水系统。方案确定如表 4-15。

本工程排水系统设计方案　　　　　　　　　　　　表 4-15

名　称	排水体制	同层排水方式	排水系统方案	
			1 层	2～18 层
卫生间	污废合流	降板同层排水	单独排放	特殊单立管排水系统
厨　房	—	不降板同层排水	单独排放	特殊单立管排水系统
阳台(洗衣机)	—	不降板同层排水	单独排放	特殊单立管排水系统

（2）排水支管敷设方式，根据本工程排水系统设计方案，确定同层检修排水支管（地漏）敷设方式如表 4-16 所示。

建筑（同层排水）同层检修排水支管（地漏）敷设方式　　　表 4-16

名称	同层排水
卫生间	降板同层排水（降板高度一般大于 250～300mm），排水支管敷设在降板层内
厨房	不降板敷设特殊地漏于楼板中
阳台	不降板敷设特殊地漏于楼板中

（3）排水管材选择

考虑当地抗震、防水等要求，排水立管、排水横干管（出户管）选用抗震柔性接口铸铁排水管；排水支管选用 PVC-U 排水管。

2. 排水系统水力计算

（1）确定卫生器具排水流量、当量和排水管的管径，如表 4-17。

卫生器具排水流量、当量和排水管的管径　　　表 4-17

卫生器具名称	排水流量(L/s)	当量	排水管管径(mm)
厨房双格洗涤盆	0.33	1.00	50
洗脸盆	0.25	0.75	32～50
淋浴器	0.15	0.45	50
坐式大便器	1.50	4.50	100
家用洗衣机	0.50	1.50	50

（2）确定卫生间、厨房和阳台当量数，如表 4-18。

卫生间、厨房和阳台当量数　　　表 4-18

名称		单层当量数	十七层总当量数	最大一个卫生器具的排水流量(L/s)
卫生间	W1 型	5.70	96.9	1.50
	W2 型			
	W3 型			
厨房	K1 型	1.00	17.00	0.33
	K2 型			
阳台（洗衣机）	B1 型	1.50	25.50	0.50
	B2 型			
	B3 型			

（3）建筑生活排水管道设计秒流量

排水系统水力计算分排水立管和排水横管两部分。

1）排水立管水力计算按《建筑给水排水设计规范》GB 50015—2003（2009 年版）第 4.4.5 条要求进行，即按本章计算公式一（式 4-3）计算。

$$q_P = 0.12\alpha \sqrt{N_P} + q_{max}$$

2）排水横管水力计算按《建筑给水排水设计规范》GB 50015—2003（2009 年版）第 4.4.7 条要求进行，即按本章式（4-5）和式（4-6）计算。

$$q_P = A \cdot v$$

$$v = \frac{1}{n} R^{2/3} I^{1/2}$$

3）设计秒流量和立管管径，计算如表 4-19。

设计秒流量和立管管径　　　　　　表 4-19

名　称		设计秒流量（L/s）		选用的排水立管管径（mm）
		一层	排水立管	
卫生间	W1 型	1.90	3.27	100
	W2 型			
	W3 型			
厨房	K1 型	0.33	1.07	100
	K2 型			
阳台 （洗衣机）	B1 型	0.5	1.41	100
	B2 型			
	B3 型			

注：目前加强型旋流器公称直径均为 DN100。

4）排水横管水力计算

按附录表 D-1 确定管径，如表 4-20 所示。

铸铁排水横管（或出户管）水力计算　　　　　　表 4-20

坡度	充满度（h/d=0.5）				充满度（h/d=0.6）	
	DN100		DN125		DN150	
	流速 （m/s）	流量 （L/s）	流速 （m/s）	流量 （L/s）	流速 （m/s）	流量 （L/s）
0.005	—	—	—	—	—	—
0.007	—	—	—	—	0.77	8.56
0.008	—	—	—	—	0.83	9.15
0.009	—	—	—	—	0.88	9.71
0.010	—	—	0.76	4.68	0.92	10.23
0.012	0.72	2.83	0.84	5.13	1.01	11.20
0.015	0.81	3.16	0.93	5.74	1.13	12.53
0.020	0.93	3.65	1.08	6.62	1.31	14.47

5）排水出户管管径和坡度

《建筑给水排水设计规范》GB 50015—2003（2009 年版）第 4.4.15 条第 1 款规定：当建筑底层无通气的排水管道与其楼层管道分开单独排出时，其排水横支管管径可按表 4-21 确定；

无通气的底层单独排出的排水横支管最大设计排水能力　　　　　　表 4-21

排水横支管管径（mm）	50	75	100	125	150
最大设计排水能力（L/s）	1.0	1.7	2.5	3.5	4.8

本工程排水出户管管径和坡度如表 4-22 所示。

排水出户管管径和坡度　　　　　　　　　表 4-22

名称		一层排水出户管			二～十八层排水出户管		
		设计秒流量 （L/s）	选定管径 （mm）	管道 坡度	设计秒流量 （L/s）	选定管径 （mm）	管道 坡度
卫生间	W1 型	1.90	100	0.012	3.27	150	0.007
	W2 型						
	W3 型						
厨房	K1 型	0.33	50	0.025	1.07	100	0.012
	K2 型						
阳台 （洗衣机）	B1 型	0.50	50	0.025	1.41	100	0.012
	B2 型						
	B3 型						

注：卫生间出户管根据建筑同层检修特殊单立管排水系统特点确定的。

4.8.3 设计说明

1. 本建筑采用建筑同层检修排水系统，卫生间为降板同层排水，厨房和阳台为不降板同层排水。其中卫生间采用立管污废合流、支管污废分流的排水体制，卫生间立管上部采用局部扩容内置防腐导流叶片的特殊管件，立管下部采用大曲率异径弯头。

> 本条设计说明中宜先明确排水系统的大概情况，包括排水系统类型（如建筑同层检修排水系统）、卫生间、厨房和阳台选用的是同层排水还是异层排水、同层排水的做法（为降板式还是不降板式）、排水体制（立管污废水和支管污废水是合流还是分流）、卫生间立管采用的系统（是普通单立管还是特殊单立管，又或者是设置专用通气立管）。

2. 排水立管、排水横干管和排出管采用 W 型柔性接口机制排水铸铁管，不锈钢卡箍连接；分支管采用 PVC-U 塑料排水管，粘结。铸铁排水管与塑料排水管采用不锈钢卡箍连接，外径不等时应采用特制异径非标橡胶圈。

> 本条主要确定本建筑排水系统的管道材质及连接方法，有关管材选用的内容可参考本章 4.3 节。

3. 除了特别标注外，排水横支管坡度采用标准坡度 0.026，排水横干管和排出管坡度见系统图标注（未注明的采用通用坡度）。本系统不设 P 弯、S 弯等管件形式存水弯，应严格按照图纸施工，不得重复设置存水弯，严禁采用钟罩（扣碗）式地漏。

> 本条主要针对管道在安装过程中应注意的事项，管道坡度的施工人员必须要非常明确的，鉴于建筑同层检修排水系统与传统建筑排水系统的差异性，特别说明下存水弯的设置要求也是非常有必要的。

4. 地漏的顶面应比完成装饰面低 5～10mm，地面应有不小于 0.01 的坡度坡向地漏。

本条为了确保地漏快速有效的排除地面积水，对地漏标高和找坡要求作出规定，本条为可选，但通过特别交代以引起施工单位的注意。

5. 所有立管预留孔洞为 ϕ180mm，厨房和阳台预留孔洞400mm（长）×220mm（宽），在卫生间下沉楼板浇筑时，应配合土建预埋地漏楼板防水套。

本条鉴于建筑同层检修排水系统的差异性而在设计说明中特别交代。

6. 引用相关标准
铸铁管安装：《建筑排水用柔性接口铸铁管安装》04S409
塑料管安装：《建筑排水塑料管道安装》10S406
卫生设备安装：《卫生设备安装》09S304
特殊管件安装：《室内管道支架及吊架》03S402
清扫口、通气帽安装：《建筑排水设备附件选用安装》04S301
建筑同层检修排水系统安装：《建筑同层检修特殊单立管排水系统安装》闽2012-S-01或滇11JS4-1等等。

本条按照目前设计说明的一般做法，在最后部分增加对应的安装图集以便施工人员查询，并尽可能的参照图集施工，标准化作业不仅可以保证施工质量，也能加快施工进度。

7. 图例
下面列出了建筑同层检修排水系统中特殊管件和特殊配件的图例，如表4-23未列出图例可参考现行有关给排水制图标准的规定。

建筑同层检修排水系统常用图例　　　　表4-23

图　例		名　称	图　例		名　称
		Ⅰ型同层检修地漏			加强型旋流器
		Ⅱ型同层检修地漏			导流连体地漏
		水封盒			系统测试检查口
		直通防臭地漏			底部异径弯头
		器具连接器			

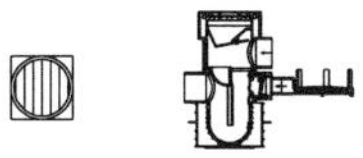

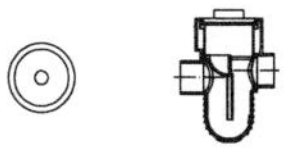

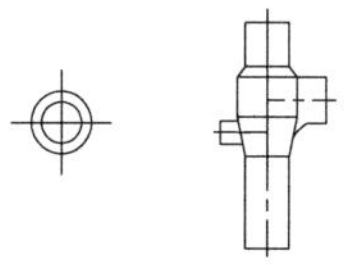

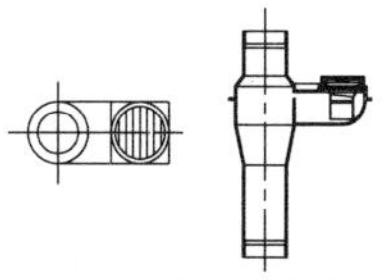

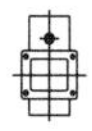

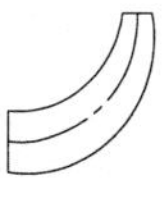

本条为了保证建筑同层检修排水系统设计表达方式的统一性和读图的方便性，上表列出了建筑同层检修排水系统用于设计图纸中的特殊管件和特殊配件图例。

4.8.4 设计图纸

图 4-11 为一层同层检修排水平面布置，图 4-12 为标准层同层检修排水平面布置，图 4-13 为屋面层同层检修排水平面布置，图 4-14 为卫生间管道布置大样图（一），图 4-15 为卫生间管道布置大样图（二），图 4-16 为厨房管道布置大样图，图 4-17 为阳台管道布置大样图，图 4-18 为建筑同层检修排水展开系统。

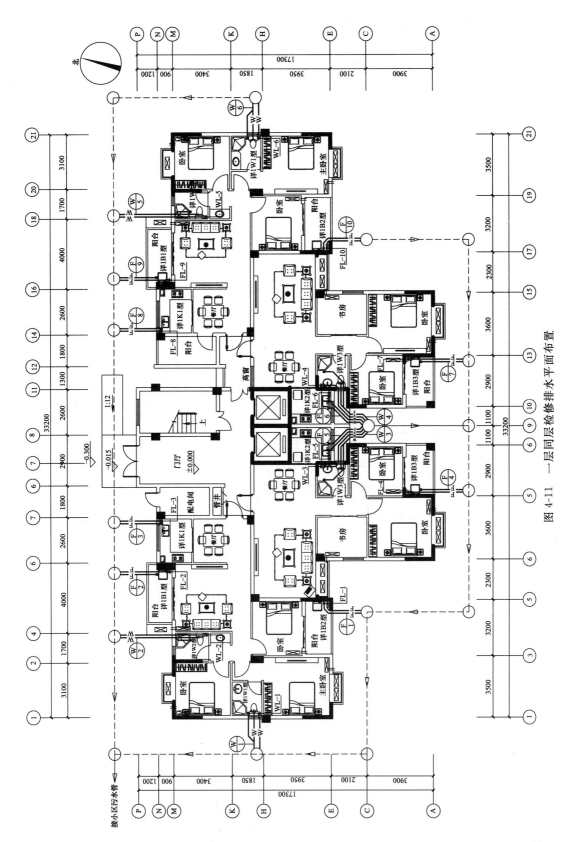

图 4-11 一层同层检修排水平面布置

95

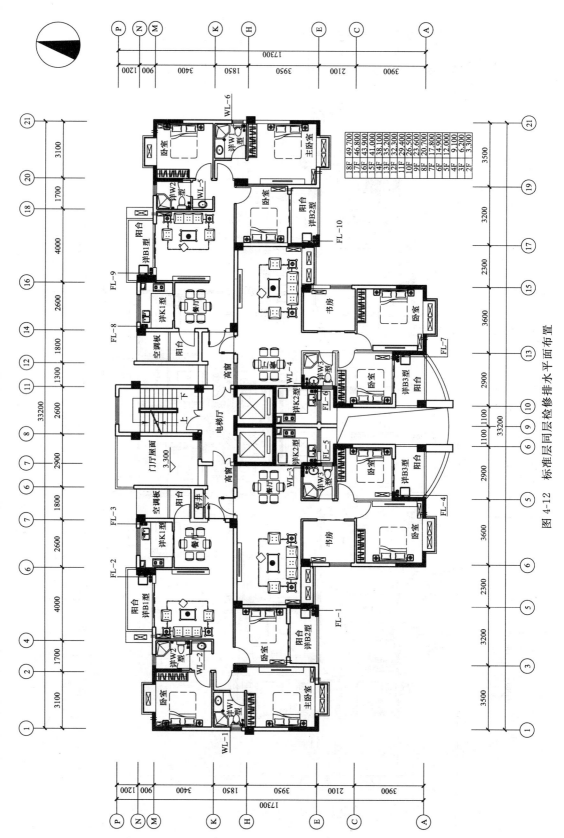

图 4-12　标准层同层检修排水平面布置

96

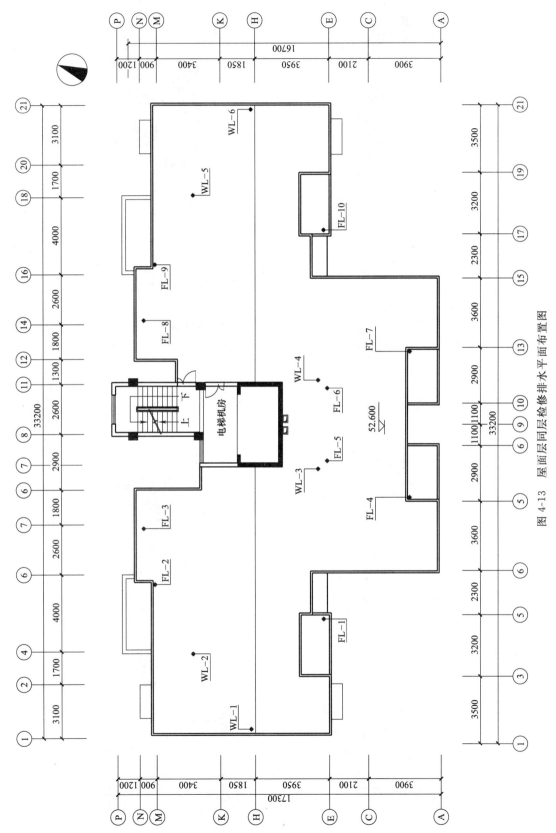

图 4-13 屋面层同层检修排水平面布置图

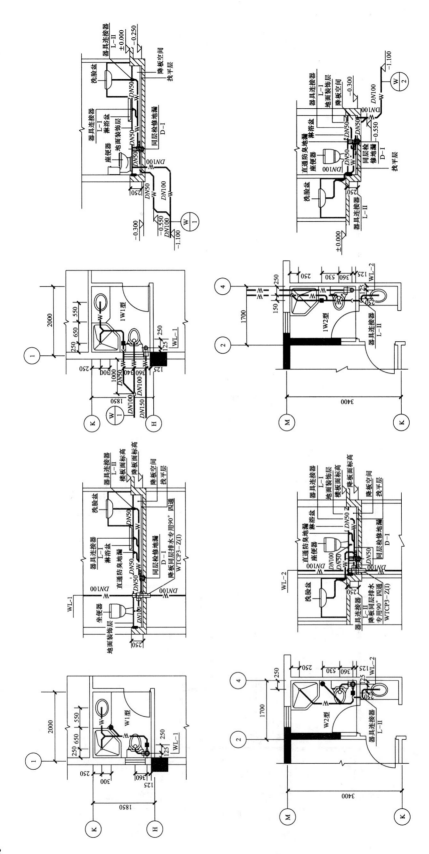

图 4-14 卫生间管道布置大样图 （一）

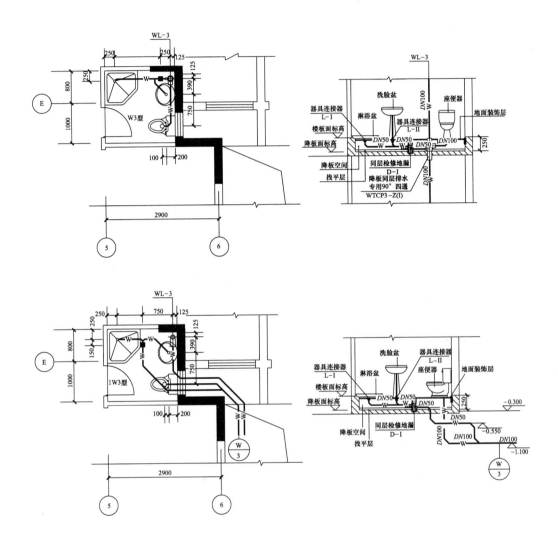

图 4-15 卫生间管道布置大样图（二）

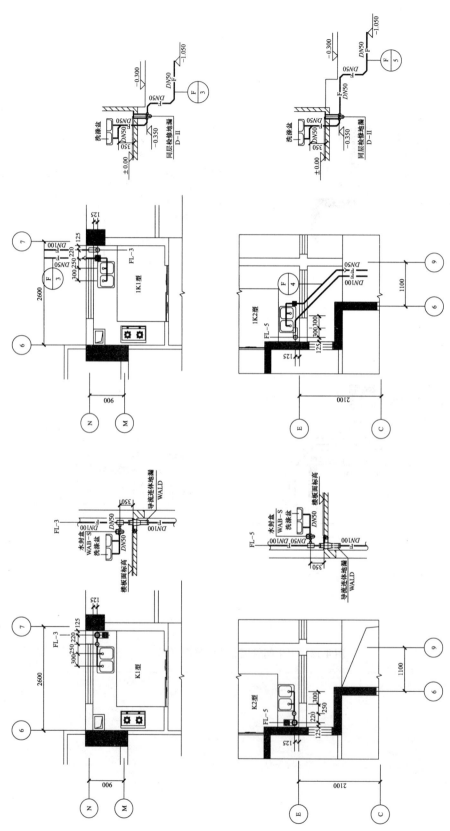

图 4-16　厨房管道布置大样图

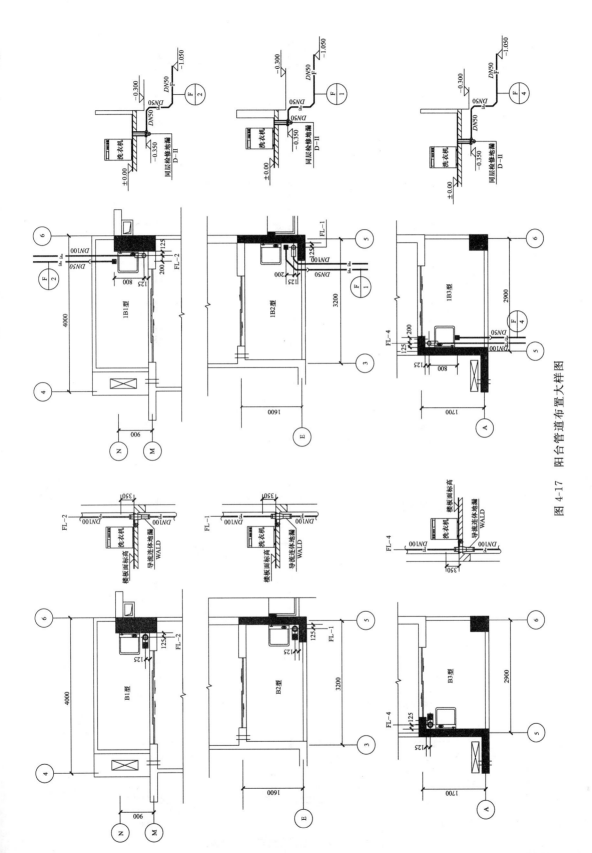

图 4-17 阳台管道布置大样图

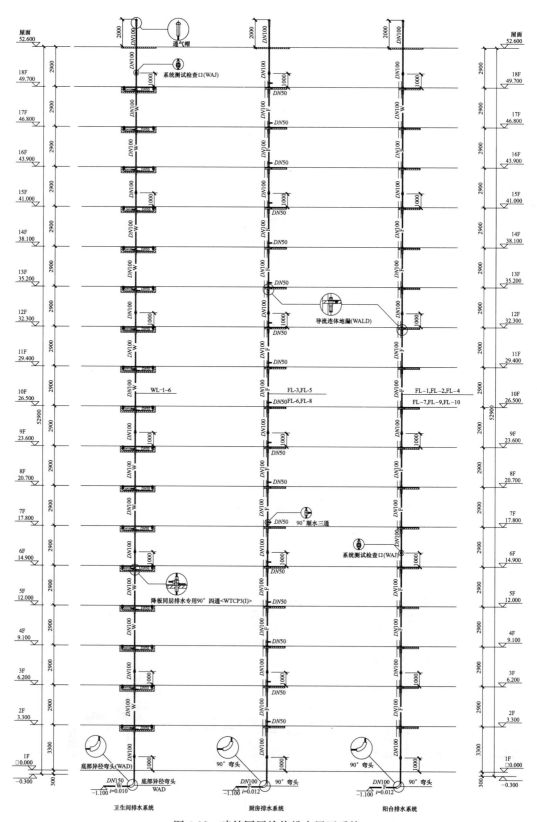

图 4-18　建筑同层检修排水展开系统

102

第5章　建筑同层检修排水系统安装

5.1　概述

　　建筑排水系统与人们的生活息息相关，但若安装不当也难以保证系统长期高效稳定工作甚至出现卫生安全事故，优质的安装施工质量不但是保障建筑同层检修排水系统高效安全运行的必要条件，而且也可以改进和弥补设计中的某些不足之处。

　　本章内容包括建筑排水系统管道的安装连接方法、不同类型的建筑同层检修排水系统安装图示和建筑同层检修排水系统特殊管件和特殊配件的安装要求，并特别详述与建筑同层检修排水系统相关的防水、防火做法等。

　　材料进场安装前，应进行抽样验收是否合格，必要时可进行实验或送检，一些简单的识别方法参见本书第6章有关内容。

5.2　排水管道安装

　　这里所指的常规管道即柔性接口机制排水铸铁管和硬聚氯乙烯排水管，这两种管道也是目前在建筑排水系统中使用时间最长、使用范围最广的排水管材。

　　室内管道安装应符合下列规定：

　　（1）室内明设管道安装宜在土建墙面粉饰完成后进行，安装前应复核预留孔洞位置，当发现不符合要求时，应在安装前采取相应措施。

　　（2）钢制支承件应作防腐处理，与塑料管之间应采用塑料、橡胶等弹性物质隔填，不得用硬物隔垫。

　　（3）管道安装宜自下向上分层进行，先安装立管，后安装横管，连续施工，安装间断时，敞口处应临时封闭。

　　（4）立管伸出屋顶通气管安装后，应立即安装通气帽并在穿越屋面板处做好防水处理。

5.2.1　安装原则

　　建筑排水管道安装的施工顺序一般是：先做地下管线（即安装排出管），然后安装立管，最后安装横支管，即：先地下、后地上；先主管、后支管；先大管、后小管。在安装时，若发生交叉、矛盾时，遵循"小管让大管、支管让主管、给水管让排水管"的原则。

　　埋地的铸铁排水管，宜采用接口强度较高的法兰机械式承插连接，埋地管应按照相关标准、规范进行特殊防腐处理。

　　1. 安装准备

　　根据施工图纸及技术交底，检查、核对预留孔洞，预埋件的位置和尺寸是否正确，将管道坐标、标高位置画线定位。

2．排出管安装

（1）排出管的埋深取决于室外排水管道标高并符合设计要求，排出管与室外排水管道一般采用管顶平接，其水流偏转角不小于 90°；若采用排出管跌水连接且跌落差大于 0.3m，其水流偏转角可不受限制。室外埋设时，须保证管道有足够的覆土深度以满足防冻、防压要求。

（2）安装托、吊排出管要先搭设架子，将托架按设计坡度裁好或裁好吊卡，量准吊杆尺寸将预制好的管道托、吊固定，横管支承件间距不大于 2m。

（3）托、吊排出管在吊顶内者，在吊顶前需作闭水试验，按隐蔽工程项目验收。

3．立管安装

（1）排水管道通常沿卫生间墙角设置，穿过楼板应预留孔洞或预埋金属套管，立管与墙面距离及楼板预留孔洞的尺寸，应按设计要求或有关规定预留。

（2）安装立管时，先吊线、安装管道支架，再安装管道。安装时先将管段吊正对准下端管口，注意将三通口对准横管方向。

（3）连接后立即将立管固定。

（4）立管承口外侧与饰面的距离应控制在 20～50mm。在立管上按图纸要求设置检查口，检查口中心距地面所在地面高度为 1m，允许偏差±20mm，并高于该层卫生器具上边缘 150mm。检查口的朝向应便于检修。

（5）横支管接入立管口的高度，应根据设计要求确定，设计未明确时，应根据横管的长度和坡度来确定。三通口中和楼板的净距不得小于 250mm，但不得大于 450mm。

（6）通气管不能与风道、烟道连接，不宜设在屋檐口、阳台下，要高出屋面 300mm以上，应大于最大积雪厚度。经常有人停留的平面屋顶，通气管应高出屋面 2m。如通气管 4m 以内有门窗，则应高出窗顶 600mm，或引向无门窗的一侧。通气管出口上应加做网罩或透气帽。通气管安装后，管道与屋面接触应作防水处理。

（7）立管安装完毕后，配合土建用不低于楼板强度等级的混凝土将洞灌满堵实，并拆除临时支架。如系高层建筑或管井内的管道，应按设计要求用型钢做固定支架。

4．横（支）管安装

先将安装横管尺寸测量、记录，按正确尺寸和安装的难易程度应先行预制好横支管（若横管过长或吊装有困难时可分段预制和吊装），然后将吊卡装在楼板上，并按横管的长度和设计坡度调整好吊卡高度，在开始吊管。横管吊环必须装在承口部位，吊杆要垂直。

5．安全施工

（1）润滑剂等易燃易爆物品的存放处必须远离火源、热源和电源，室内严禁明火。

（2）润滑剂的罐盖应随用随开，不用时应随即盖紧，严禁非操作人员使用。

（3）在管道粘接操作场所禁止明火，场内应通风良好，在集中操作场所宜设置排风设施。

（4）在管道粘结时，操作人员应站在上风向，并应配戴防护手套、眼镜和口罩等劳保用具，避免皮肤、眼镜等于胶粘剂直接接触。

（5）冬季施工时应采取防寒防冻措施，操作场所应保持室内空气流通，不得密闭。

（6）管道上严禁攀踏、系安全绳、搁搭脚手板等，不得用作支撑或借作他用。

5.2.2　排水管安装与土建的配合

排水管道安装是建筑、安装工程中的一个重要组成部分，与其他建筑安装项目必然发生多方面的联系，尤其和土建施工关系最为密切，如预埋构件和特殊配件、预留孔洞、交叉施工等。随着现代设计和工程技术的发展，新结构、新技术、新工艺、新产品的推广应用，施工中的协调与配合显得愈发重要。

1. 施工前的准备工作

土建施工前，建筑排水系统安装技术人员应会同土建施工技术人员共同审核土建和排水设计，共同协商施工组织、技术方案与分布进度计划，纠正差错和遗漏。

安装人员应消化设计与图纸，掌握土建施工进度计划和施工方案，了解采用的排水管材品种、特性与安装方法。仔细校核自己准备采用的排水施工方法能否与土建施工相适应，特别注意梁、柱、墙、地面、屋面与排水系统相互间的位置、安装连接方式。施工前，还必须加工制作和备齐施工阶段中需要的预埋件、预埋套管和零部件等。

2. 基础阶段

在基础工程施工时，应及时配合土建做管道穿墙、梁套管及预埋件的预埋工作。按惯例尺寸大于300mm的孔洞一般在土建图纸上注明，由土建负责预留，这时排水系统施工安装人员应主动与土建联系，并核对图纸，保证土建施工时不会遗漏。配合土建施工进度，及时做好尺寸小于300mm、土建施工图纸上未标明的预留孔洞、预埋件及需在底板和基础垫层内暗敷管路的施工。对需要预埋的铁件、吊卡等预埋件，安装人员应配合土建，提前做好准备，土建施工到位及时埋入。

3. 结构阶段

根据土建混凝土浇筑进度要求及流水作业的施工顺序，逐层逐段作好管道暗敷工作，这是整个排水安装工程的关键工序，做不好不仅影响土建施工质量与进度，而且也影响整个排水系统安装工序进度，进而影响工期。土建浇筑混凝土时，排水施工人员应留人看守，以免配管移位。遇有管路损坏时，应及时更换、修复。对于土建结构图上已表明的预埋件及尺寸大于300mm的预留孔洞，由土建负责施工，但排水施工人员也要随时检查以防遗漏。对于要求排水专业自己施工的预留孔洞及预埋件、吊卡等，排水施工人员应配合土建施工，提前做好准备，土建施工时一步到位，及时埋设。

4. 注意事项

在土建与排水系统安装交叉施工中，管道被堵塞的事例很多，特别是卫生间排水管口与地漏更为严重。即使管道安装后，管口用水泥砂浆封闭，还往往被打开，作为清洗、水泥找平地面、打磨时的污水排出口，甚至存在从屋面透气管口落入木条、碎石、垃圾、砂浆等情况，造成管道的堵塞。轻则耗工疏通，重则需要凿开混凝土地面，返工拆除管道重新安装，有的排水管道管腔部分堵塞，在通水试水过程中未能及时发现，投入使用后，易出现管道堵塞，影响使用。

为了避免交叉施工中造成管道堵塞，在管道安装前，应认真检查、疏通管腔，清除杂物，按规范规定正确使用排水配件，安装管道时保证坡度，排水口采用水泥砂浆封口，同时加强施工现场管理，达到排水流畅、不堵不漏、排水能力最大化的功能。

5.2.3　管道的连接

本节主要对柔性接口机制铸铁排水管和PVC-U塑料排水管的连接方法和不同材质的

管材进行连接的方法进行较为详细的讲解。

1. 铸铁排水管材的连接

常用的铸铁排水管材为无承口 W 型、法兰机械式 A 型、（双）法兰机械式 B 型等三种，下面分别介绍各自的安装连接步骤及注意事项。

（1）无承口 W 型（卡箍式）连接步骤及注意事项

W 型（卡箍式）铸铁排水管材采用不锈钢卡箍连接，现场施工、安装时，根据设计要求和现场实际，按照需要截取直管长度，切割后端面与直管轴线垂直，偏差应小于 2°，断口应齐整、光滑、无毛刺、台阶、裂缝。图 5-1 为无承口 W 型（卡箍式）连接示意。

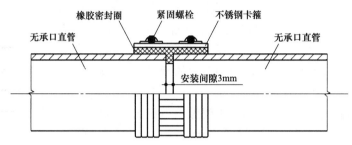

图 5-1 无承口 W 型（卡箍式）连接示意

1）用扳手松动卡箍螺栓，使卡箍自由直径大于胶套；取出胶套；将卡箍先套入下部已定位的管或管件上。

2）把胶套套入下部已定位的管或管件上，管端面与胶套内部中间的限位环；为了安装方便、减少摩擦，防止胶套损伤，宜使用肥皂水等无腐蚀性、酸碱性质适中的润滑剂润滑胶套。将胶套限位环以上部分向下作 180°外翻。

3）将要连接的管或管件安置，其端面与胶套内部中间的限位环接触；把翻转下来的胶套向上回翻复位。确定两个连接管或管件的端面与胶套内部限位环贴紧。

4）将卡箍上移与胶套对齐。

5）用扭力扳手逐次交替紧固卡箍螺栓，切忌将一边螺栓一次紧固到位，造成卡箍扭曲变形。也不要用力过大，造成螺栓打滑。可使用定力矩扳手，拧紧力矩 6.8N·m。

（2）法兰机械式 A 型连接步骤及注意事项

法兰机械式 A 型铸铁排水管材采用密封橡胶圈、法兰压盖、螺栓连接，现场施工、安装时，要求插口指向水流方向。根据设计要求和现场实际，按照需要截取直管长度，切割后端面与直管轴线垂直，偏差小于 2°，断口应齐整、光滑、无毛刺、台阶、裂缝。图 5-2 为法兰机械式 A 型连接示意。

1）在插口上划好插入深度标志线，插入端进入承口的长度应小于承口深度约 5mm；

2）将法兰压盖、胶圈分别套入插口，胶圈上缘与插口上的插入深度标志线对齐；

3）将插口端插入承口内，为保持胶圈在承口内深度相同，在推进过程中尽量使插入管与承口管保持在一条轴线上；

4）从上向下装入螺栓，紧固螺栓时对角交叉进行，逐个逐次逐渐均匀紧固，使胶圈均匀受力。

（3）（双）法兰机械式 B 型连接步骤及注意事项

（双）法兰机械式 B 型铸铁排水管材采用 W 型直管、双法兰管件、2 套密封橡胶圈、

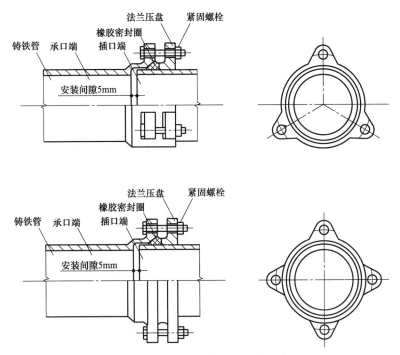

图 5-2　法兰机械式 A 型连接示意

2 套法兰压盖、螺栓连接。现场施工，安装时，根据设计要求和现场实际，按照需要截取直管长度，切割后端面与直管轴线垂直，偏差小于 2°，断口应齐整、光滑、无毛刺、台阶、裂缝。图 5-3 为（双）法兰机械式 B 型连接示意。

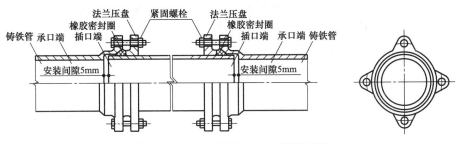

图 5-3　（双）法兰机械式 B 型连接示意

1）在直管两端插口上分别划好插入深度标志线，插入端进入承口的长度应小于承口深度约 5mm；

2）将法兰压盖、胶圈分别套入插口，胶圈上缘与插口上的插入深度标志线对齐；

3）若安装的是直管，将直管插口端插入承口内；若安装的是管件，将管件承口端套入直管插口。为保持胶圈在承口内深度相同，在推进过程中尽量使插入管与承口管保持在一条轴线上；

4）顺管件指向直管的方向装入螺栓，紧固时对角交叉进行，逐个逐次逐渐均匀紧固，使胶圈均匀受力。

2. 硬聚氯乙烯排水管的连接

管段长度应根据实测并结合各连接管件的尺寸逐个楼层确定；管材需切割时，宜采用细齿锯、割刀或专用断管机具。不得使用砂轮锯等切管时会产生火花及发热的机具。切口端面应平整并垂直于轴线，断面处不得有任何变形，并除去切口处的毛刺和毛边。塑料排水管材及各类管件的承口内侧和插口外侧应擦拭干净，无尘砂、油污及水渍。

（1）硬聚氯乙烯（PVC－U）排水管预制管段的粘接应按照下列步骤进行：

1）用中号板锉将插口管端锉成 15°～30° 坡口（外角）。坡口处管壁剩余厚度宜为原管壁厚度的 1/3～1/2。完成后清除加工残屑；

2）按照管件实测承口深度在管材插入端表面划出插入深度标记；

3）先在管件承口内侧涂刷胶粘剂，再在管材插口外侧插入深度标记范围内涂刷胶粘剂。胶粘剂的涂刷应迅速、均匀、适量，不得漏涂；

4）胶粘剂涂刷后，应立即找正方向将管材插入管件承口至标记处，再将管材旋转 90°。插入过程不得用锤子击打；

5）粘接完成后，应将挤出的胶粘剂擦净。

（2）塑料排水立管的安装应符合下列规定：

1）按立管设计布置位置在墙面划线，并设置管道支承件；

2）安装立管时，应先将预制好的管段扶正，再按设计要求安装伸缩节。将管子插口试插入伸缩节承口底部，并按夏季 5～10mm、冬季 15～20mm 的预留伸缩间隙划出标记，再用力将管段插口平直插入伸缩节承口橡胶圈中，用支承件将立管固定。伸缩节插口应顺水流方向设置；

（3）排水横支管、排水横干管的安装应符合下列规定：

1）将预制横管管段用铁丝临时吊挂，确认无误后设置管道支承件；

2）按相关规程要求设置横管专用伸缩节，粘接管道；

3）管道粘接后迅速摆正位置，调整坡度。用木楔卡牢接口，拧紧铁丝临时将管道固定，待粘接固化后紧固支承件。拆除临时吊挂铁丝。

3. 铸铁管与塑料管连接

建筑排水柔性接口卡箍式铸铁管与塑料管连接时，如两者外径相等，可采用标准卡箍和标准橡胶密封圈；如两者外径不等，应采用刚性接口转柔性接口专用过渡件或由生产厂家特制的异径非标卡箍和异径非标橡胶密封圈。建筑排水柔性接口法兰承插式铸铁管与塑料管连接时，如两者外径相等，应采用柔性连接；如两者外径不等，可采用刚性接口，可参考图 5-4～图 5-7 进行连接。

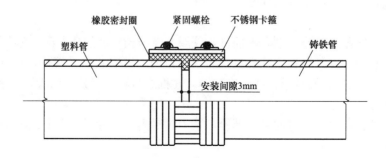

图 5-4　公称尺寸相同外径相同塑料管与铸铁管不锈钢卡箍连接示意

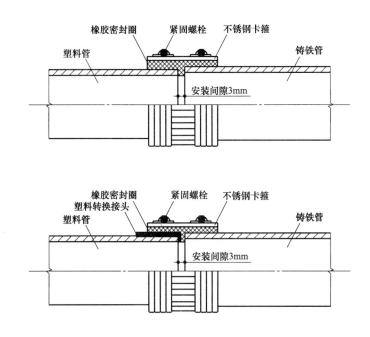

图 5-5　公称尺寸相同外径不同塑料管与铸铁管不锈钢卡箍连接示意

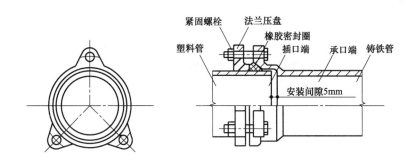

图 5-6　公称尺寸相同外径相同塑料管与铸铁管法兰连接示意

5.2.4　铸铁排水管安装常见问题及防治方法

下面对柔性接口铸铁排水管在安装中常见的问题及防治进行简要说明：

（1）在法兰机械式柔性接口连接时，轴向应保留约 5mm 间隙，以利伸缩。若操作中忽略此点而将承插口抵死，将使管道丧失柔性。安装时应事先作出标记，保证留有间隙。

（2）应注意控制地漏的安装高度，安装高度过高，影响排水功能，安装过低，影响地面美观。安装前，应确切了解地漏规格和地面装饰层厚度，尽可能准确地计算出地漏箅子面的合理标高，一般来说，地漏箅子低于装饰面 5～10mm 是合适的。

（3）管道连接质量的问题。管道切口不平整，出现歪斜、凹凸、台阶和毛刺，容易造成接口漏水、损坏密封橡胶圈、安装时容易粘挂污物，甚至割伤安装人员。特别是大口子

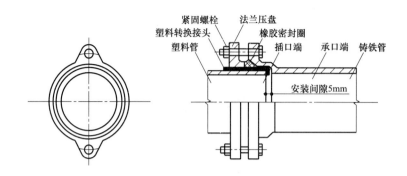

图 5-7 公称尺寸相同外径不同塑料管与铸铁管法兰连接示意

管径宜划好线再切割。切割后要清除毛刺，对切割缺陷进行打磨处理。

（4）关于预留套管的问题。混凝土梁、墙、板上预留套管及铁件位置不准确，不利于管道穿行和支架安装。应事先计算好位置，在扎钢筋时将套管和铁件点焊在钢筋主筋上，对套管口、内腔进行防护，防止水泥流入。灌注混凝土时要有专人监护，以防套管移动。当楼板有预埋防水套管时，套管的上口应高出楼板面 30～50mm，保证楼板在装饰面层施工后的地面水不流入套管。

5.2.5 管道支吊架

1. 铸铁排水管道支吊架

（1）铸铁排水立管穿越楼板时，应固定在承重结构上，固定支撑间距不得大于 1.5m，层高小于或等于 3m 的可安装一个固定支撑，立管底部的弯管处应设支墩或支架。

（2）铸铁排水立管穿越管井安装孔时，应采用固定支撑管卡或现场制作槽钢固定在管井承重结构上，立管底部的弯管处仍应设置支墩或吊架。

（3）铸铁排水横支管、透气横支管应采用吊卡或固定支架固定，固定件间距不得大于 2m。每个横管至少应设置一个固定吊架和一个吊卡。

（4）机制柔性接口排水铸铁管支（吊）架的设置与安装应符合下列规定：

1）机制柔性接口排水铸铁管安装时，其上部管道重量不应传递给下部管道。立管重量应由支架承受，横管重量应由支（吊）架承受；

2）排水立管应采用管卡在墙体、柱子等承重部位锚固。当墙体为轻质隔墙时，立管可在楼板上用支架固定，横管应利用支（吊）架在楼板、柱子、梁或屋架上固定；

3）管道支（吊）架设置位置应正确，埋设应牢固，管卡或吊卡与管道接触应紧密，并不得损伤管道外表面。为避免不锈钢卡箍产生电化学腐蚀，卡箍式接口排水铸铁管的支（吊）架管卡不应设置在卡箍部位；

4）管道支（吊）架应为金属件，并作防腐处理；

5）排水立管应每层设支架固定。支架间距不宜大于 1.5m，但层高小于等于 3m 时可只设一个立管支架，并设在接口部位的下方。管卡与接口间的净距不宜大于 300mm；

6）排水横管每 3m 管长应设置两个支（吊）架，并靠近接口部位设置（卡箍式接口不得将管卡套在卡箍上，承插式接口应设在承口一侧），管卡与接口间的净距不宜大于 300mm；

7）排水横管在平面转弯时，弯头处应增设支（吊）架。排水横管起端和终端应采用固定支架。当横干管长度较长时，为防止管道水平位移，横干管直线段固定吊架的设置间距不应大于12m。

2. 塑料排水管道支吊架

塑料排水管道支承件的设置应符合下列要求：

（1）非固定支承件的内壁应光滑，安装时与管道外壁之间应留有微小间隙；

（2）排水立管管道支承件的设置间距不应大于2.0m；

（3）排水横管直线管段支承件的最大间距应符合表5-1的规定。

排水横管直线管段支承件的最大间距　　　　表5-1

管径 dn	50	75	110	125	160
间 距(m)	0.50	0.75	1.10	1.25	1.60

（4）采用金属制作的管道支架，应在管道与支架间加衬非金属垫或套管。

5.3 特殊管件和特殊配件安装

5.3.1 基本要求

5.2节所述为排水管道安装的通用内容，本节将对建筑同层检修排水系统在安装时还应注意的主要问题。

（1）卫生间同层排水管道在安装前，应确保具有防止卫生间结构降板层内防水层不被破坏的措施，可在防水层上方用水泥砂浆做防水保护层。建筑同层检修排水系统应按设计图纸安装。变更设计应经设计单位同意。

（2）在建筑物主体结构施工过程中，安装人员应配合土建做好管道穿越墙、梁、板处的预留孔洞、预埋套管、预埋地漏楼板防水套等工作。预留孔洞、预埋套管、预埋地漏楼板防水套的尺寸、标高和位置应符合设计要求。

（3）材料进场安装前，应检查各项产品型号、外观、质量是否符合设计要求。

（4）卫生间采用降板同层排水时，降板区域的结构楼板面与完成地面均应采取有效的防水措施。防水处理方式、防水层高度和防水材料，应由建筑专业确定。

（5）柔性接口卡箍带、紧固螺栓及法兰紧固螺栓材质应选用1Cr17Ni7、0Cr18Ni9等耐腐蚀性能好的不锈钢材料，卡箍内橡胶套和法兰接口内橡胶套应选用防油渍、耐酸碱的丁腈橡胶或三元乙丙橡胶。

（6）埋地或降板层内采用不锈钢卡箍连接或法兰连接时，不锈钢表面应涂刷防腐涂料、沥青漆等防腐措施。

5.3.2 建筑同层检修排水系统安装图示

本节主要采用图示的方法来表达建筑同层检修排水系统支管部分的安装以及部分节点的做法，并以卫生间降板同层排水系统、厨房和阳台不降板同层排水管道的安装为例说明建筑同层检修排水系统部分特殊管件和特殊配件的安装。

1. 建筑同层检修排水系统卫生间降板同层排水安装步骤示意

建筑同层检修排水系统卫生间同层排水安装步骤如表5-2所示。

建筑同层检修排水系统卫生间降板同层排水安装步骤示意

表 5-2

安装步骤	安装示意图	安装内容与注意事项
一	立管预留孔洞φ180　预埋地漏楼板防水套　地漏楼板防水套　125 60 125 125 20 100 125≥210　1—1	预留孔洞与地漏楼板防水套安装： 1. 安装人员在安装前需对特殊配件有一定了解； 2. 建筑内设有设置管道井时，应预留立管孔洞； 3. 预埋地漏楼板防水套； 4. 地漏楼板防水套的位置可根据现场情况调整； 5. 地漏楼板防水套在楼板浇筑前需将其位置固定
二	DN50横支管底出地漏楼板专用90°四通与地漏楼板防水套上边缘5mm　立管支架　注：当降板层排水专用90°四通与地漏楼板防水套之间距离较近时，水套之间距离应保证该管段坡度	排水立管及降板内安装： 1. 根据排水立管位置安装固定支架； 2. 降板层排水专用90°四通接入排水立管； 3. 调整降板层排水专用90°四通与地漏楼板面距离； 4. 固定排水立管及降板层排水专用接头。 注：为使特殊管件与水泥砂浆更好地结合，可先将特殊管件穿楼板部位打磨粗糙
三	C20细石混凝土第二次浇捣1/3h　C20细石混凝土第一次浇捣2/3h　防水层　找平层	降板层内施工： 1. 预留孔洞缝隙处用C20细石混凝土二次浇捣填实； 2. 厚15mm水泥砂浆（1：3）找平施工； 3. 降板层内详见建筑设计要求。 注：应确保dn50排水横支管降板防水层有大于等于5mm净距
四	现场安装时根据预埋的地漏楼板防水套的位置确定同层检修地漏位置　同层检修地漏	同层检修地漏安装 注：当降板层排水专用90°四通与同层检修地漏无法直接相连时，降板层排水专用90°四通与塑料管接头与管的连接应选用变径卡箍

安装步骤	安装示意图	安装内容与注意事项
五	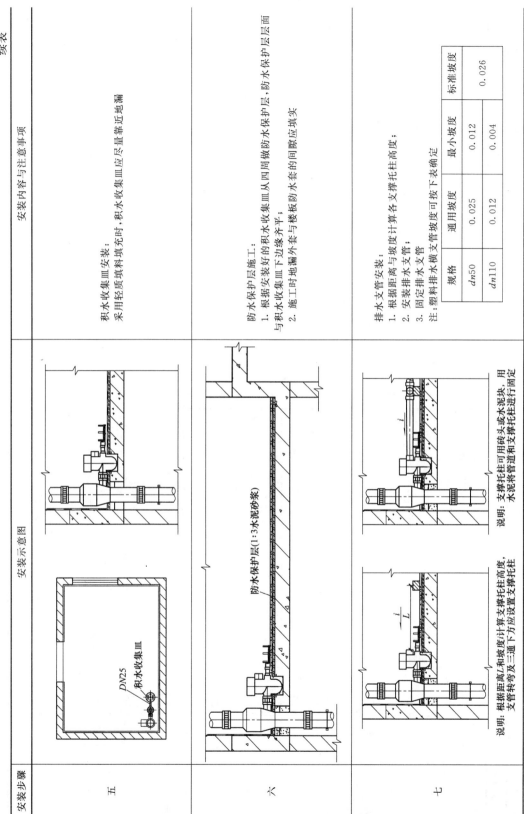（DN25 积水收集皿）	积水收集皿安装：采用轻质填料填充时，积水收集皿应尽量靠近地漏
六	防水保护层(1:3水泥砂浆)	防水保护层施工： 1. 根据距离与坡度计算好的积水收集皿从四周做防水保护层，防水保护层层面与积水收集皿下边缘齐平； 2. 施工时地漏外套管与楼板防水套管的间隙应填实
七	说明：根据距离L和坡度计算支撑托柱高度，支管转弯处及三通下方应设置支撑托柱 说明：支撑托柱可用砖头或水泥块，用水泥将管道和支撑托柱进行固定	排水支管安装： 1. 根据距离与坡度计算各支撑托高度； 2. 安装排水支管； 3. 固定排水支管 注：塑料排水管支架水平横距及坡度可按下表确定

规格	通用坡度	最小坡度	标准坡度
dn50	0.025	0.012	
dn110	0.012	0.004	0.026

安装步骤	安装示意图	安装内容与注意事项
八	地漏箅子端面与卫生间外毛坯楼面相平(裁剪调节段) dn50dn110 1:8水泥陶粒或1:6水泥煤渣填实 盲管　滤布 包裹土工布的盲管应刚好卡入积水收集皿支架内	盲管与轻质填料等安装: 1. 积水收集皿上方放置包裹土工布的盲管; 2. 确定同层检修地漏调节高度并安装好调节段; 3. 轻质填料回填降板层(降板层架空时无此步骤)
九	处于同一水平线(具体位置由平面图定) dn50dn50dn50 插入支管粘结	直通防臭地漏和器具连接器安装: 注:应采用防止水泥砂浆或其他杂物进入地漏、器具连接器和支管的措施
十	完成地面 30~50 装饰层 结合层 防水层 找平层 高出完成地面10mm 低于完成地面5~10mm dn50dn50dn50 dn110 ≥250 表2-15 说明:同层检修地漏、直通防臭地漏、器具连接器和dn110支管与完成地面交接处应用防水材料密封	最终完成地面安装: 1. 厚25mm防水砂浆找平层; 2. 地面防水层施工,做法详见建筑设计; 3. 厚20mm水泥砂浆(1:3)结合层施工; 4. 厚20mm水泥砂浆(1:2)粘贴防滑地砖施工 注:卫生间最终完成地面应低于卫生间外室内最终完成地面30~50mm

114

2. 建筑同层检修排水系统厨房和阳台不降板同层排水安装步骤示意

建筑同层检修排水系统厨房和阳台不降板同层排水安装步骤如表 5-3 所示。

厨房和阳台不降板同层排水施工步骤示意　　　　　　　　　表 5-3

安装步骤	安装示意图	安装内容与注意事项
一		1. 安装人员应安装前需对特殊配件有一定了解； 2. 排水立管位置处应预留方孔
二		1. 根据排水立管位置安装固定支架； 2. 导流连体地漏接入排水立管； 3. 调整排水立管位置，使得铸铁地漏件表面与楼板面齐平； 4. 固定排水立管及导流连体地漏
三		1. 预留孔洞缝隙处用 C20 细石混凝土二次浇筑填实； 2. 找平层施工并坡向地漏； 3. 防水层施工； 4. 装饰层施工 注：地漏端面低于装饰地面 5~10mm
四		安装排水支管及水封盒

5.3.3　特殊管件和特殊配件安装

本节主要叙述建筑同层检修排水系统的特殊管件和特殊配件安装时应掌握的要点，以及特殊管件和特殊配件的安装应注意的主要问题。

1. 特殊管件安装

（1）特殊管件安装前应将内、外表面粘结的污垢、杂物和承口、插口、法兰压盖结合面上的泥沙等附着物清除干净；

（2）加强型旋流器在安装时，应根据排水横支管的进水方向和标高调整好加强型旋流器的位置，并用支架或吊架将其固定；

（3）底部异径弯头在安装时，应根据排水横干管或排出管的标高调整好底部异径弯头的位置，并用支墩、支架或托架将其固定；

（4）导流连体地漏在安装时，应使其地漏底部与楼板底面保持水平，调整好导流连体地漏的位置，并用支架或吊架将其固定。

2. 特殊管件安装

同层检修地漏在安装前应确认所有配套橡胶圈、积水止回阀和不锈钢箅子均已安装，并检查将内套拔出的力度是否合适，在必要时可涂抹黄油。管道粘接前，应确保同层检修地漏和水封盒的水流方向无误。插入内套时，应确保安装方向无误。

（1）D-I型同层检修地漏的安装应按下列步骤进行：

1）将排水横支管和同层检修地漏逆水流方向依次粘接，应确保同层检修地漏位于地漏楼板防水套内；

2）按设计坡度固定排水横支管和同层检修地漏，在水流偏转、交汇处应设置砖墩并用水泥砂浆包覆排水横支管；

3）连接积水收集皿，并在积水收集皿上方固定住包裹土工布的盲管；图 5-8 和图 5-9 为积水收集皿安装方案；

4）根据地漏安装高度和地面装饰层高度裁剪内套和外套，并固定外套。图 5-10～图 5-13 为 D-I 型同层检修地漏安装示意。

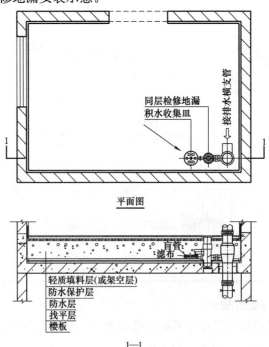

图 5-8　积水收集皿安装方案（一）

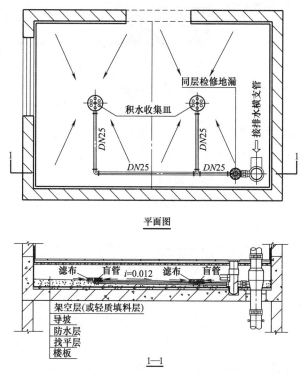

图 5-9 积水收集皿安装方案（二）

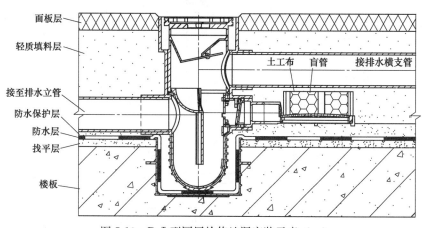

图 5-10 D-I 型同层检修地漏安装示意（一）

（2）D-II 型同层检修地漏的安装应按下列步骤进行：

1）将排水横支管和同层检修地漏逆水流方向依次粘接，应保证同层检修地漏位置与预留孔洞位置相一致；

2）按设计坡度固定排水横支管和同层检修地漏，支吊架的设置应符合本章 5.2.5 节的有关要求；

3）根据地漏安装高度和地面装饰层高度裁剪内套和外套，并固定外套。

（3）直通防臭地漏、器具连接器和水封盒的安装

直通防臭地漏、器具连接器和水封盒的安装可参考普通塑料排水管件的安装方法，器

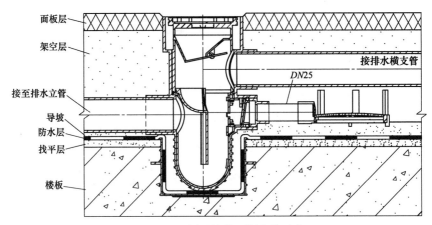

图 5-11　D-Ⅰ型同层检修地漏安装示意（二）

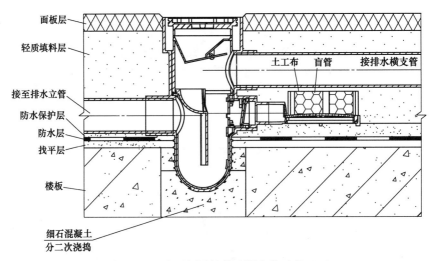

图 5-12　D-Ⅰ型同层检修地漏安装示意（三）

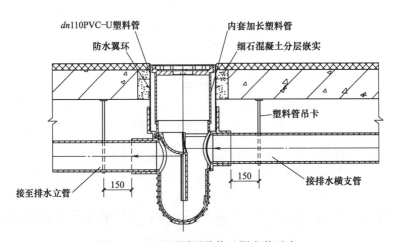

图 5-13　D-Ⅱ型同层检修地漏安装示意

具连接器与卫生器具排水管相连接时，应保证其与橡胶套具有一定深度的接触以保证连接强度。图 5-14 为 L-Ⅰ型直通防臭地漏安装示意，图 5-15 为 L-Ⅱ型器具连接器安装示意，

118

图 5-16 为 L-Ⅲ型器具连接器安装示意。

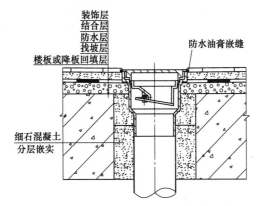

图 5-14　L-Ⅰ型直通防臭地漏安装示意

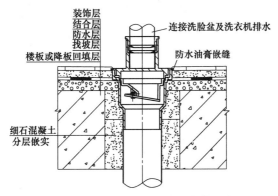

图 5-15　L-Ⅱ型器具连接器安装示意

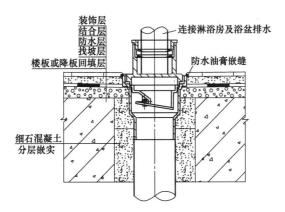

图 5-16　L-Ⅲ型器具连接器安装示意

5.4　防水技术措施

《建筑给水排水及采暖工程施工质量验收规范》GB 50242—2002 第 5.1.10 条规定："建筑排水塑料管道穿越楼板施工时应符合下列规定：（1）在穿越楼板处，应结合楼面防渗漏水施工形成固定支承；（2）填补环形缝隙时，应在底部支模板，模板的表面应紧贴楼板底部；（3）环形缝隙应采用不低于 C20 的细石混凝土分两次填实，第一次为楼板厚度的 2/3，待混凝土强度达到 50％后，再填实其余的 1/3 厚度；（4）地面面层施工时，管道周围砌筑厚度为 15～20mm、宽度为 30～35mm 的环形阻水圈。"第 5.1.11 条规定："建筑排水塑料管道穿越屋面部位施工时应符合下列规定：（1）穿越位置应预埋硬聚氯乙烯套管，套管上口应高出屋面最终完成面 200～250mm；（2）套管周围在屋面混凝土找平层施工时，用水泥砂浆筑成锥形阻水圈，高度不应小于套管上沿；（3）管道与套管间的环形缝隙应采用防水胶泥或无机填料嵌实；（4）屋面防水层施工时，防水层应高出锥形阻水圈且应与管材周边相粘贴。"第 5.1.12 条规定："当建筑排水塑料管道穿越地下室外墙时，管道与套管间的环形缝隙应采用防水胶泥加无机填料嵌实，宽度不宜小于墙体厚度的 1/3，墙体两侧及其与部位应采用 M20 水泥砂浆嵌实填平。"《建筑排水金属管道工程技术规程》CJJ 127—2009 第 4.2.5 条规定："当建筑排水金属管道穿越地下室或地下构筑物外墙时，应采取有效的防水措施。对有严格防水要求的建筑物，必须采用柔性防水套管。"

5.4.1　降板式同层排水卫生间防水技术措施

长期以来，卫生间渗漏水一直是消费者投诉商品房质量问题中的热点问题，而降板式卫生间由于其结构的特殊性，发生渗漏水的概率是普通卫生间的好几倍。业主装修入住后降板式卫生间一旦出现渗漏水，不但给房地产开发商和施工单位带来了经济上的损失和不必要的麻烦，而且维修难度大，成本高。虽然建筑同层检修排水系统配置了可排除卫生间积水的装置，但预防和尽可能减少渗漏水几率，无论是对于施工单位、建设单位还是物业管理单位始终是一项必须做好的重要工作。

降板式卫生间渗漏通常发生在立管管根和底板，就其造成的原因主要有两点，一是卫生间混凝土质量未达标；二是防水施工质量较差。因此，预防和控制渗漏水几率应着手从以下几方面出发。

（1）加强土建施工单位管理，确保降板式卫生间混凝土施工质量

1）采用防水混凝土，严禁使用含泥量超标的砂石，严格控制各种材料配比；

2）严格控制钢筋、暗埋线管的保护层厚度，杜绝降板结构层底板出现露筋、露锈、裂缝现象；

3）混凝土浇捣要求振捣密实，杜绝出现漏捣、麻面现象。

（2）加强排水管道预留洞各环节的施工质量

卫生间、厨房的渗漏多发生在排水管道预留洞的周围，要解决卫生间的渗漏问题，应特别注意以下几个质量控制环节：

1）管道施工

管道施工应首先抓好排水管道穿楼板预留洞的位置。认真核对图纸，依据图纸准确定位，将排水管道纵横尺寸和管道之间的距离掌握准确，并认真配合土建施工。不能遗漏，避免后续剔凿楼板、墙体和梁等。

个别预留孔洞如果偏离预留位置，应尽早调整。混凝土如已达到设计强度等级又需要剔凿时，应由熟练操作的安装人员操作专业机具，钻孔后再稍微剔凿以利于新旧混凝土的结合。

排水管道安装时，必须严格控制立管距墙面尺寸、立管垂直度。管接口和承插口不宜浸入顶棚和墙内，不得设置在结构层内。

2）堵洞

全部排水管道安装完并确认无改动后即可开始楼层堵洞。首先检查孔洞状况，孔洞如过小应适当剔凿，保证管道外壁与孔洞边缘有 30～50mm 的缝隙，并清理掉松散碎渣和碎块。如有必要时，可清洗孔洞，使其无浮尘、无油渍，保证新旧混凝土结合良好。

用厚度 16～20mm 木板制作模板，模板呈两个半圆洞（孔洞大于管道外径约 5mm），将两块模板卡在管道上（半圆洞和管道之间宜粘海绵条，防止水泥砂浆漏下），下面背上小方木，用 14 号铁丝吊紧在楼板下。

集中搅拌 C20 细石混凝土，掺 3‰微膨胀剂，混凝土浇筑前应将孔洞周围打湿，浇筑中应分层振捣密室。禁止填塞砖石、混凝土块。混凝土浇筑后浇水养护周期不应小于 7d。

3）抹找平层

找平层易采用防水砂浆。抹前基层应清理干净，并提前湿润，但不得有积水。找平层应平顺、不空鼓、不开裂，并应找好坡度。沿墙角处应做不小于 $r=50mm$ 的圆弧。所有穿楼板的排水管道根部均应做不小于 $r=50mm$、高 50mm 的台墩。

4）涂刮防水层

卫生间防水大多采用聚氨酯防水涂料。该涂料收缩小，易形成较厚的防水涂膜层，易在复杂基层表面施工，端部收头容易处理，整体性强，延伸性好，强度较高，在一定范围内对基层裂缝有较强的适应性，可冷施工，操作简单，但易燃、有毒。

基层应干燥，含水率控制在 8％左右，涂料施工温度以 10～30℃为宜，以选择晴朗干燥的天气涂刮为好。

先涂布一层聚氨酯底胶，待底胶固化 24h 后进行防水涂层施工。防水涂层每次涂刷厚度应控制在 1mm 左右，不大于 2mm。第二次涂刮方向应与第一次涂刮方向垂直。两道工序之间一般应留 12～24h 的干燥时间。如需在涂膜表面上抹保护层或贴饰面砖，应在最后一层涂层固化前在其表面撒干净的粒径为 2mm 左右的石渣，使其牢固地粘贴在涂层表面，以提高防水层与贴面材料之间的粘结力。

墙面涂层高度一般不应低于 300mm，蹲便器部位不应低于 400mm，浴缸处不应低于 700mm，淋浴部位不应低于 1800mm。

地漏、下水口处涂膜应严格按操作规程要求施工。地漏、下水口管壁应清理干净，使涂膜粘结牢固，并深入口内不小于 10mm。

施工后应至少有 7d 自然干燥的养护时间，并认真做好成品保护，避免过早上人。保护层施工前严禁上人践踏，严禁砸、碰、磕、撞。如发现破损，应及时修补。

5）蓄水试验

防水涂层施工完毕要作蓄水试验。蓄水深度在地面最高处应有 20mm 积水。24h 后检查是否渗漏。如有渗漏要立即返修，再进行第二次蓄水试验，直到不渗漏为止。

卫生间全部地面做完后做闭水试验。闭水试验时应将地漏、下水口等内侧封堵后蓄水，禁止将地漏、下水口周围围堵后蓄水，因为这种做法不能反映闭水试验的真实情况，无法反映地漏、下水口周围是否严密不渗漏。

保护层施工时应避免破坏防水层。卫生间地面坡度要准确、平顺、排水通畅。镶贴面层时如考虑美观因素其坡度可适当放小，但不宜小于2%。

如果卫生间设置的是蹲便器，底部要抹防水砂浆找坡，坡度为6%～7%。墙面阴角要抹成 $r=100mm$ 的圆弧形，以便节点渗漏时排除积水。在蹲便器台阶的阴角离地面20mm处，留30mm左右的圆孔，以便及时排除蹲便器底部积水。

5.4.2 管道（加强型旋流器）防水技术措施

1. 加强型旋流器防水技术措施

在采用加强型旋流器特殊单立管排水系统中，卫生间为降板建筑同层排水和不降板建筑同层排水时，加强型旋流器穿楼面板，对加强型旋流器穿楼面防水技术措施非常重要，因加强型旋流器是铸铁配件，故其防水技术措施可以参考铸铁管穿楼面板的做法。图5-17为加强型旋流器穿越楼面防水做法示意。

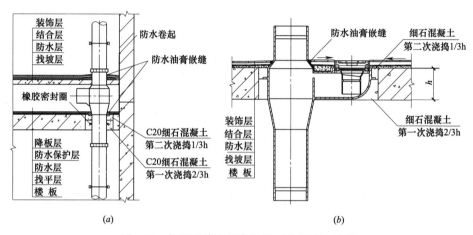

图 5-17　加强型旋流器穿越楼面防水做法示意

2. 排水管道防水技术措施

建筑排水常用的管材有铸铁排水管和塑料排水管，这两类排水管道在穿屋面、楼面和地下室外墙时需要防水技术措施。

（1）铸铁排水管防水技术措施

图 5-18 为铸铁排水立管穿越屋面防水做法示意，图 5-19 为铸铁排水立管穿越楼面防

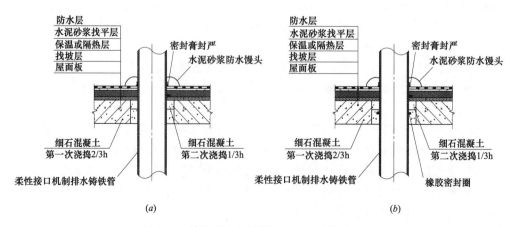

图 5-18　铸铁排水立管穿越屋面防水做法示意

水做法示意，图 5-20 为铸铁排水横管穿越地下室外墙防水做法示意。

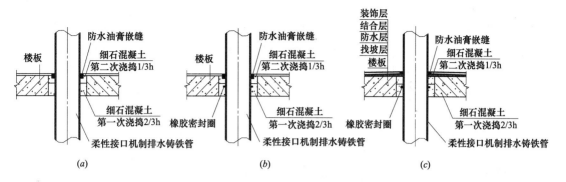

图 5-19　铸铁排水立管穿越楼面防水做法示意

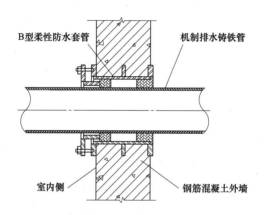

图 5-20　铸铁排水横管穿越地下室外墙防水做法示意

（2）塑料排水管防水技术措施

图 5-21 为塑料排水立管穿越屋面防水做法示意图，图 5-22 为塑料排水立管穿越楼面防水做法示意图，图 5-23 为塑料排水横管穿越地下室外墙防水做法示意图。

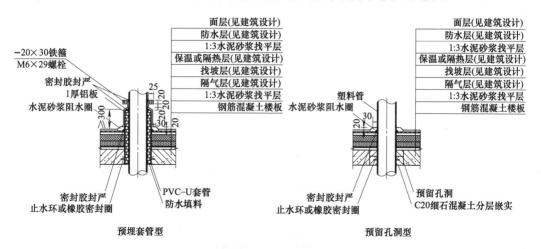

图 5-21　塑料排水立管穿越屋面防水做法示意

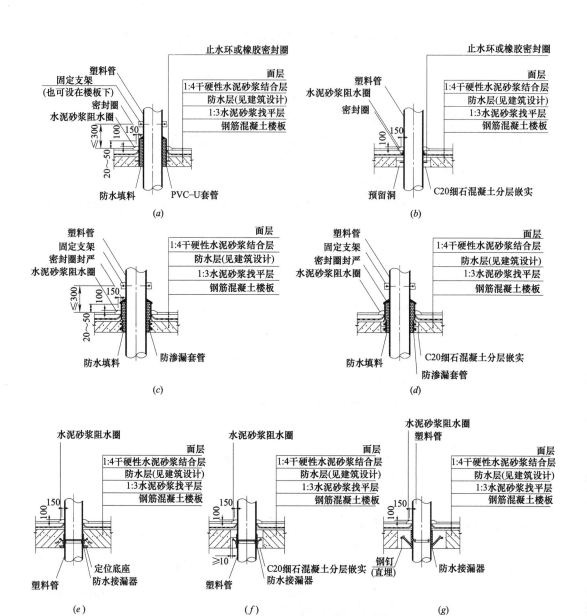

图 5-22 塑料排水立管穿越楼面防水做法示意

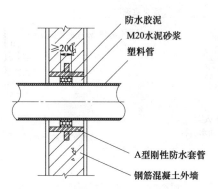

图 5-23 塑料排水横管穿越地下室外墙防水做法示意

5.5　防火技术措施

《建筑给水排水设计规范》GB 50015—2003（2009 版）第 4.3.11 条规定："当建筑塑料排水管穿越楼层、防火墙、管道井井壁时，应根据建筑物性质、管径和设置条件以及穿越部位防火等级等要求设置阻火装置。"《建筑给水排水及采暖工程施工质量验收规范》GB 50242—2002 第 5.2.4 条规定："……高层建筑中明设排水塑料管道应按设计要求设置阻火圈或防火套管。"《建筑排水塑料管道工程技术规程》CJJ/T 29—2010 第 5.1.17 条规定："高层建筑中的塑料排水管道系统，当管径大于等于 110mm 时，应根据设计要求在贯穿部位设置阻火圈。阻火圈的安装应符合产品要求，安装时应紧贴楼板底面或墙体，并应采用膨胀螺栓固定。"建筑塑料排水管穿越楼层设置阻火装置的目的是防止发生火灾时塑料管被烧坏后火势穿过楼板使火灾蔓延到其他层，根据我国模拟火灾试验和塑料管道贯穿孔洞的防火封堵耐火试验成果确定。穿越楼层塑料排水管同时具备下列条件时才设阻火装置：①高层建筑；②管道外径大于等于 110mm 时；③立管明设，或立管虽暗设但管道井内不是每层防火封隔。横管穿越防火墙时，不论高层建筑还是多层建筑，不论管径大小，不论明设还是暗设（一般暗设不具备防火功能）必须设置阻火装置。阻火装置设置位置：立管的穿越楼板处的下方；管道井内是隔层防火封隔时，支管接入立管穿越管道井壁处；横管穿越防火墙的两侧。建筑阻火圈的耐火极限应与贯穿部位的建筑构件的耐火极限相同。

主要针对塑料排水管的防火技术措施，一是塑料排水管穿越楼面、穿越防火墙和穿越井壁等需要采取防火处理的部位；二是加强型旋流器特殊单立管排水排水系统，虽然穿越楼面加强型旋流器是铸铁配件，但排水立管采用的是塑料排水管，加强型旋流器与塑料排水立管连接处需要做防火技术措施。

5.5.1　阻火装置主要类型

常用的阻火装置主要有三种：阻火圈、无机防火套管和阻火胶带。

1. 阻火圈

阻火圈是由金属材料制作外壳，内填充阻燃膨胀芯材等组成的，套在塑料管道外壁，固定在楼板或墙体部位，火灾发生时芯材受热迅速膨胀，挤压塑料管道，在较短时间内封堵管道穿洞口，阻止火势沿洞口蔓延。应按安装部位建筑构件的耐火等级选择阻火圈，阻火圈的耐火等级不应小于安装部位建筑构件的耐火极限。阻火圈耐火等级分为 A、B、C三级，其中 A 级阻火圈耐火极限不小于 3.0h，B 级阻火圈耐火极限不小于 2.0h，C 级阻

图 5-24　阻火圈外观形状

火圈耐火极限不小于1.5h。阻火圈有可开式和不可开式两种类型,安装为明装和暗装两种方式。图5-24为阻火圈外观形状。

2. 无机防火套管

无机防火套管是采用高纯度无碱玻璃纤维编制成管,再在管外壁涂覆有机硅胶经硫化处理而成。硫化后可在-65~260℃温度范围内长期使用并保持其柔软弹性性能。防火套管有管筒式、缠绕式和搭扣式三种。图5-25为无机防火套管外观形状。

图 5-25 无机防火套管外观形状

3. 阻火胶带

阻火胶带为具有受热膨胀性的防火材料,是一多用途产品。可缠绕于塑料排水管道等作表面防护。单独使用或搭配其他截火材料使用于贯穿结构之防火延烧以更有效阻止火、烟、热气及毒气的扩散的作用。用法类似与缠绕式无机防火套管,可将防火胶带直接缠绕于塑料排水管上,缠绕至所需的厚度。图5-26为阻火胶带外观形状。

图 5-26 阻火胶带外观形状

5.5.2 阻火圈防火技术措施

图5-27为塑料排水立管穿越楼面阻火圈做法示意,图5-28为塑料排水管穿越管井和防护墙阻火圈做法示意,图5-29为塑料排水管穿越防火分隔墙双侧安装阻火圈示意。

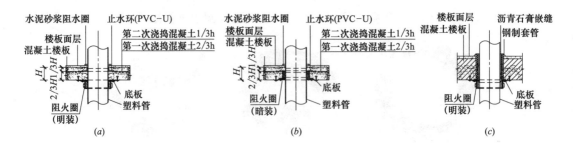

图 5-27 塑料排水立管穿越楼面阻火圈做法示意

(a) Ⅰ型;(b) Ⅱ型;(c) Ⅲ型

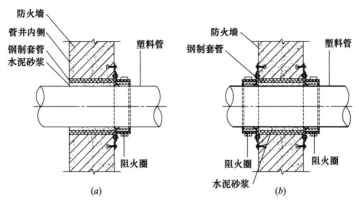

图 5-28　塑料排水管穿越管井或防火墙阻火圈做法示意

（a）单侧安装；（b）双侧安装

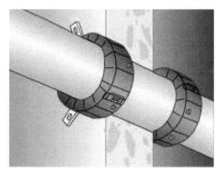

图 5-29　塑料排水管穿越防火分隔墙双侧安装阻火圈示意

5.5.3　无机防火套管防火技术措施

图 5-30 为塑料排水立管穿越楼面无机防火套管做法示意，图 5-31 为塑料排水横管穿越管井（管窿）无机防火套管做法示意。

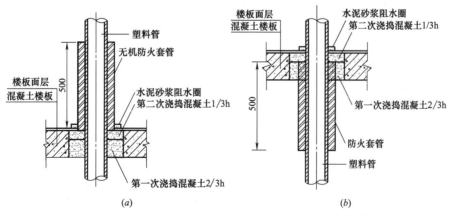

图 5-30　塑料排水立管穿越楼面无机防火套管做法示意

（a）Ⅰ型；（b）Ⅱ型

5.5.4　加强型旋流器与塑料排水管连接处防火技术措施

1. 卡箍式连接处防火技术措施

图 5-32 为卡箍式连接处阻火圈做法示意，图 5-33 为卡箍式连接处无机防火套管做法示意。

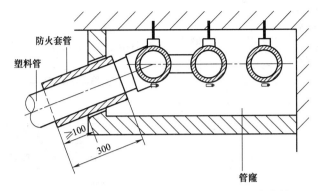

图 5-31　塑料排水横管穿越管井（管窿）无机防火套管做法示意

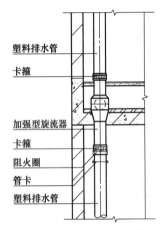

图 5-32　卡箍式连接处阻火圈做法示意

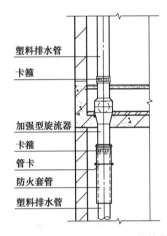

图 5-33　卡箍式连接处无机防火套管做法示意

2. 法兰式连接处防火技术措施

图 5-34 为法兰式连接处阻火圈做法示意，图 5-35 为法兰式连接处无机防火套管做法示意。

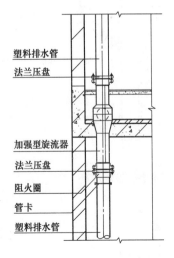

图 5-34　法兰式连接处阻火圈做法示意

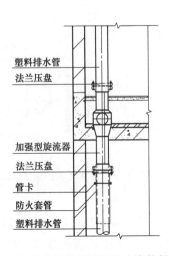

图 5-35　法兰式连接处无机防火套管做法示意

5.6 安装图集示例

安装图集是建筑同层检修排水系统排水管道安装速度和质量保证。本节选取一个典型卫生间、厨房和阳台排水管道安装图（如表5-4的内容）展示建筑同层检修排水系统排水管道各种安装形式和主要特点。

典型卫生间、厨房和阳台排水管道安装图集示例　　　　表5-4

序号	页	图集名称	特点
1	1-1	建筑同层检修排水系统（降板同层排水）卫生间污废水合流排水管道安装图（一）	降板要求大于等于250mm，污废水排水横支管分流
2	1-2	建筑同层检修排水系统（降板同层排水）卫生间污废水合流排水管道安装图（二）	
3	2-1	建筑同层检修排水系统（降板同层排水）卫生间污废水合流排水管道安装图（一）	降板要求大于等于150mm，污废水排水横支管分流
4	2-2	建筑同层检修排水系统（降板同层排水）卫生间污废水合流排水管道安装图（二）	
5	3-1	建筑同层检修排水系统（降板同层排水）卫生间污废水合流排水管道安装图（一）	采用壁挂式卫生器具，降板要求大于等于100mm，污废水排水横支管合流
6	3-2	建筑同层检修排水系统（降板同层排水）卫生间污废水合流排水管道安装图（二）	
7	4-1	建筑同层检修排水系统（不降板同层排水）卫生间污废水合流排水管道安装图（一）	采用壁挂式卫生器具，污废水排水横支管合流
8	4-2	建筑同层检修排水系统（不降板同层排水）卫生间污废水合流排水管道安装图（二）	
9	5-1	建筑同层检修排水系统（降板同层排水）卫生间污废水分流排水管道安装图（一）	降板要求大于等于250mm
10	5-2	建筑同层检修排水系统（降板同层排水）卫生间污废水分流排水管道安装图（二）	
11	6-1	建筑同层检修排水系统（异层排水）卫生间污废水合流排水管道安装图（一）	污废水排水横支管合流
12	6-2	建筑同层检修排水系统（异层排水）卫生间污废水合流排水管道安装图（二）	
13	7-1	建筑同层检修排水系统（异层排水）卫生间污废水合流排水管道安装图（一）	污废水排水横支管分流
14	7-2	建筑同层检修排水系统（异层排水）卫生间污废水合流排水管道安装图（二）	
15	8-1	建筑同层检修排水系统（异层排水）卫生间污废水分流排水管道安装图（一）	
16	8-2	建筑同层检修排水系统（异层排水）卫生间污废水分流排水管道安装图（二）	
17	9-1	建筑同层检修排水系统（不降板同层排水）厨房排水管道安装图	厨房设置地漏，不要降板
18	10-1	建筑同层检修排水系统（异层排水）厨房排水管道安装图	
19	11-1	建筑同层检修排水系统（不降板同层排水）阳台排水管道安装图	阳台设置地漏，不要降板
20	12-1	建筑同层检修排水系统（异层排水）阳台排水管道安装图	

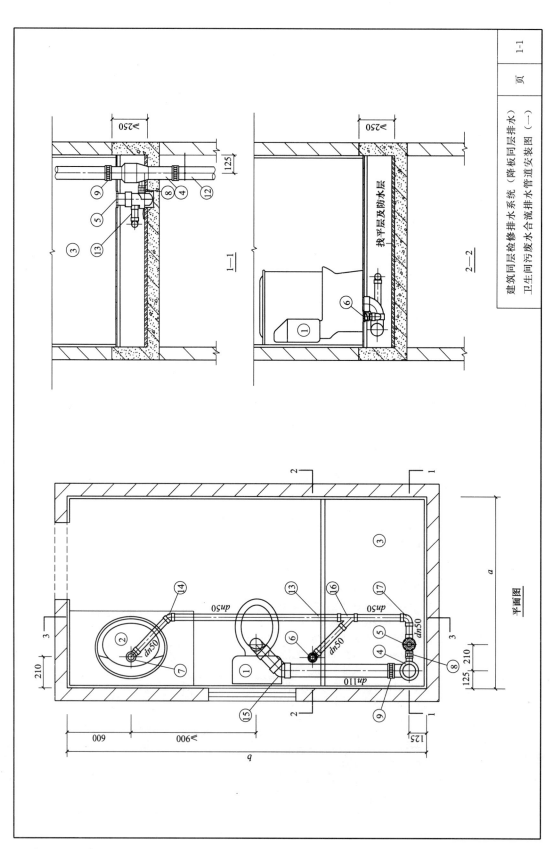

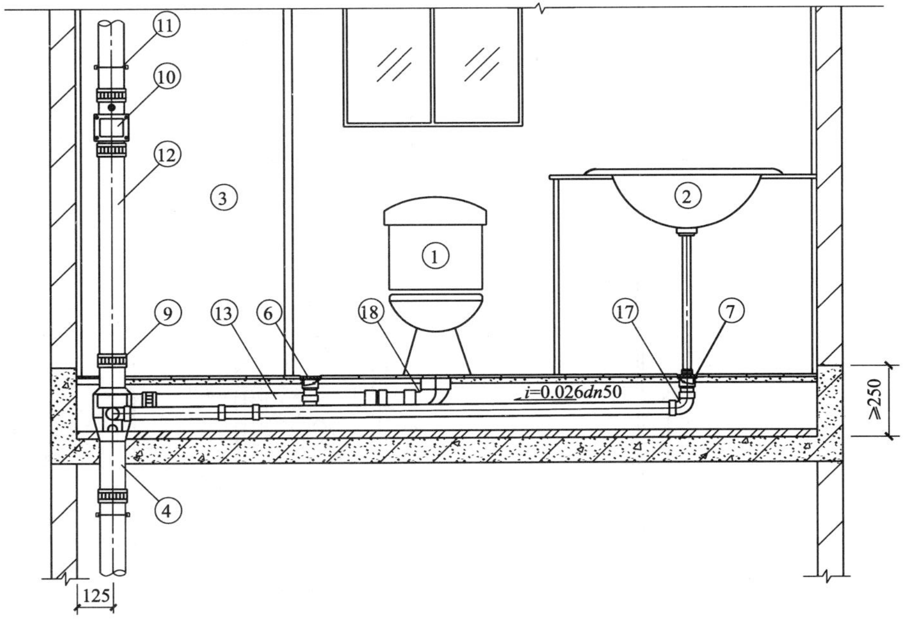

主要材料表

编号	名称	规格	材料	单位	数量
①	坐便器	自定	陶瓷	套	1
②	洗脸盆	自定	陶瓷	套	1
③	淋浴房	自定	钢化玻璃	套	1
④	降板同层排水专用接头	WTCP3-Z(I)	铸铁	个	1
⑤	同层检修地漏	D-I	PVC-U和不锈钢	套	1
⑥	直通防臭地漏	L-I	PVC-U	个	1
⑦	器具连接器	L-II	PVC-U	个	1
⑧	不锈钢卡箍	DN50	不锈钢	套	—
⑨	不锈钢卡箍	DN100	不锈钢	套	—
⑩	系统测试检查口	WAJ	铸铁	个	—
⑪	立管管卡	U型	Q-235A	个	—
⑫	排水立管	DN100	铸铁	米	—
⑬	排水支管	dn50/dn110	PVC-U	米	—
⑭	45°弯头	dn50	PVC-U	个	1
⑮	45°弯头	dn110	PVC-U	个	1
⑯	45°斜三通	dn50×dn50	PVC-U	个	1
⑰	90°弯头	dn50	PVC-U	个	3
⑱	90°弯头	dn110	PVC-U	个	1

建筑同层检修排水系统（降板同层排水）
卫生间污废水合流排水管道安装图（二）

3—3

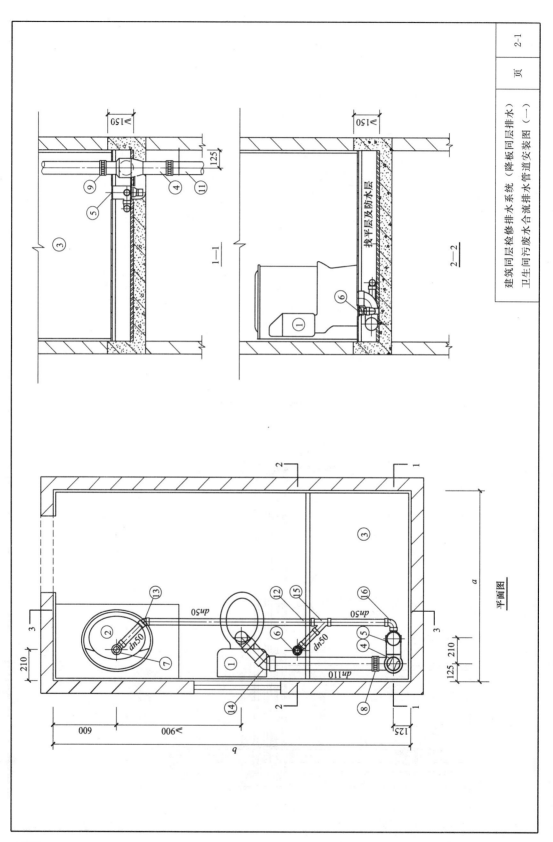

建筑同层检修排水系统（降板同层排水）
卫生间同污废水合流排水管道安装图（一）

页 2-1

平面图

1—1

2—2

dn50

dn50

dn50

dn110

找平层及防水层

≥150

125

125 210

210

210

600

≥900

125

a

b

132

3—3

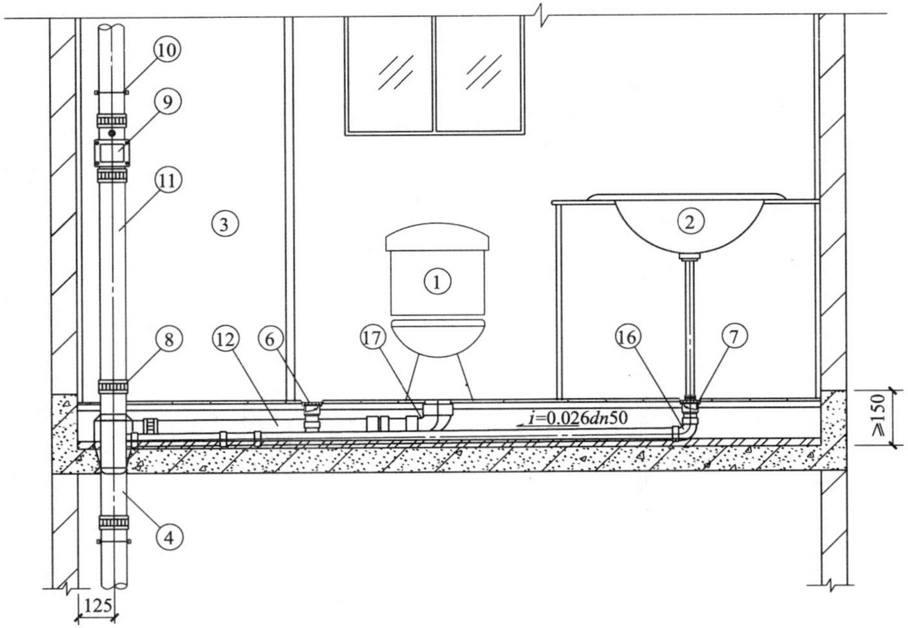

主要材料表

编号	名 称	规 格	材 料	单位	数量
①	坐便器	自定	陶瓷	套	1
②	洗脸盆	自定	陶瓷	套	1
③	淋浴房	自定	钢化玻璃	套	1
④	同层排水专用接头	WA3- D- Z(I)	铸铁	个	1
⑤	多向排水管套	DXPGT	PVC-U	个	1
⑥	直通防臭地漏	L-Ⅰ	PVC-U	个	1
⑦	器具连接器	L-Ⅱ	PVC-U	个	1
⑧	不锈钢卡箍	*DN*100	不锈钢	套	—
⑨	系统测试检查口	WAJ	铸铁	个	—
⑩	立管管卡	U型	Q-235A	个	—
⑪	排水立管	*DN*100	铸铁	米	—
⑫	排水支管	*dn*50/*dn*110	PVC-U	米	—
⑬	45°弯头	*dn*50	PVC-U	个	1
⑭	45°弯头	*dn*110	PVC-U	个	1
⑮	45°斜三通	*dn*50×*dn*50	PVC-U	个	1
⑯	90°弯头	*dn*50	PVC-U	个	3
⑰	90°弯头	*dn*110	PVC-U	个	1

建筑同层检修排水系统（降板同层排水） 卫生间污废水合流排水管道安装图（二）	页	2-2

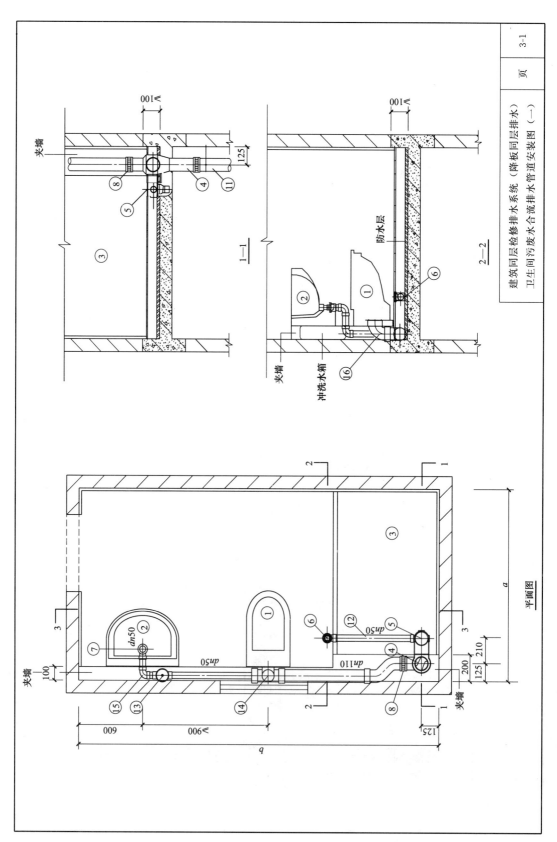

建筑同层检修排水系统（降板同层排水）
卫生间污废水合流排水管道安装图（一）

页 3-1

平面图

1—1

2—2

防水层

夹墙

冲洗水箱

夹墙

dn50

dn50

dn110

dn50

134

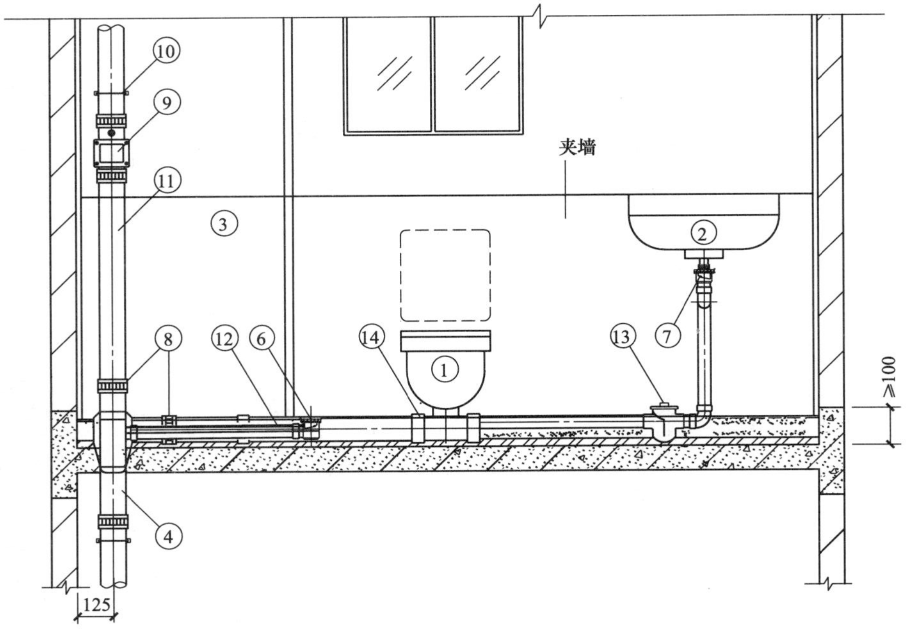

主要材料表

编号	名 称	规 格	材 料	单位	数量
①	壁挂式坐便器	自定	陶瓷	套	1
②	壁挂式洗脸盆	自定	陶瓷	套	1
③	淋浴房	自定	钢化玻璃	套	1
④	同层排水专用接头	WA3-D-Z(I)	铸铁	个	1
⑤	多向排水管套	DXPGT	PVC-U	个	1
⑥	直通侧排地漏	L-IV	PVC-U	个	1
⑦	器具连接器	L-II	PVC-U	个	1
⑧	不锈钢卡箍	WAJ	不锈钢	套	—
⑨	系统测试检查口		铸铁	个	—
⑩	立管卡	U型	Q-235A	个	—
⑪	排水立管	DN100	铸铁	米	—
⑫	排水支管	dn50/dn110	PVC-U	米	—
⑬	水封盒	D-S	PVC-U	套	1
⑭	90°顺水三通	dn110×dn110	PVC-U	个	1
⑮	90°弯头	dn50	PVC-U	个	3
⑯	90°弯头	dn110	PVC-U	个	1

3—3

建筑同层检修排水系统（降板同层排水）
卫生间污废水合流排水管道安装图（二）

页

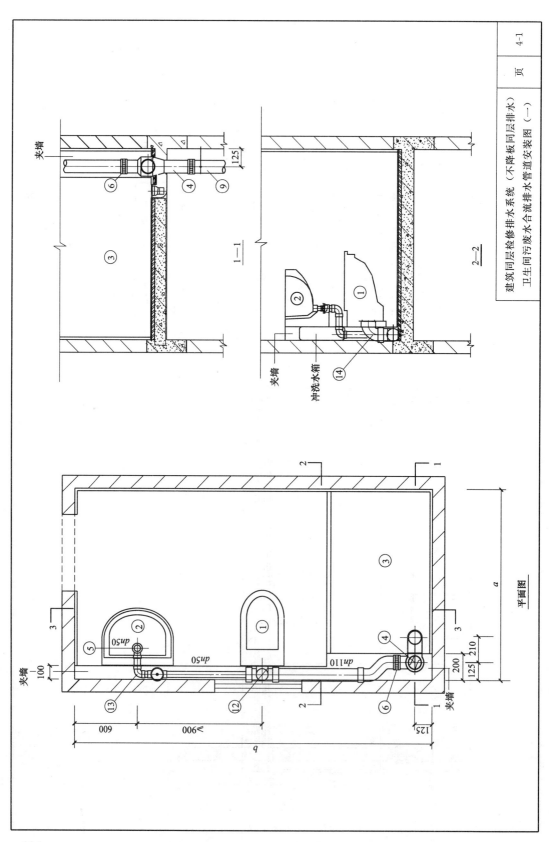

平面图

1—1

2—2

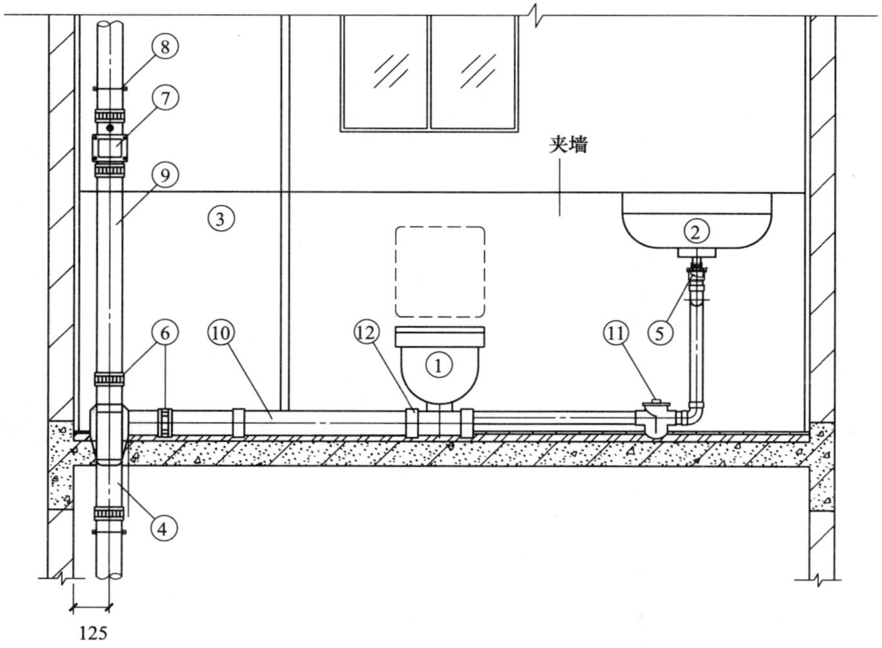

主要材料表

编号	名 称	规 格	材 料	单位	数量
①	壁挂式坐便器	自定	陶瓷	套	1
②	壁挂式洗脸盆	自定	陶瓷	套	1
③	淋浴房	自定	钢化玻璃	套	1
④	同层排水专用接头	WA3－D－Z(I)	铸铁	个	1
⑤	器具连接器	L－II	PVC－U	个	1
⑥	不锈钢卡箍	DN100	不锈钢	套	—
⑦	系统测试检查口	WAJ	铸铁	个	—
⑧	立管管卡	U型	Q－235A	个	—
⑨	排水立管	DN100	铸铁	米	—
⑩	排水支管	dn50/dn100	PVC－U	米	—
⑪	水封盒	D－S	PVC－U	套	1
⑫	90°顺水三通	dn110×dn110	PVC－U	个	1
⑬	90°弯头	dn50	PVC－U	个	3
⑭	90°弯头	dn110	PVC－U	个	1

夹墙

3－3

125

建筑同层检修排水系统（不降板同层排水）
卫生间污废水合流排水管道安装图（二）

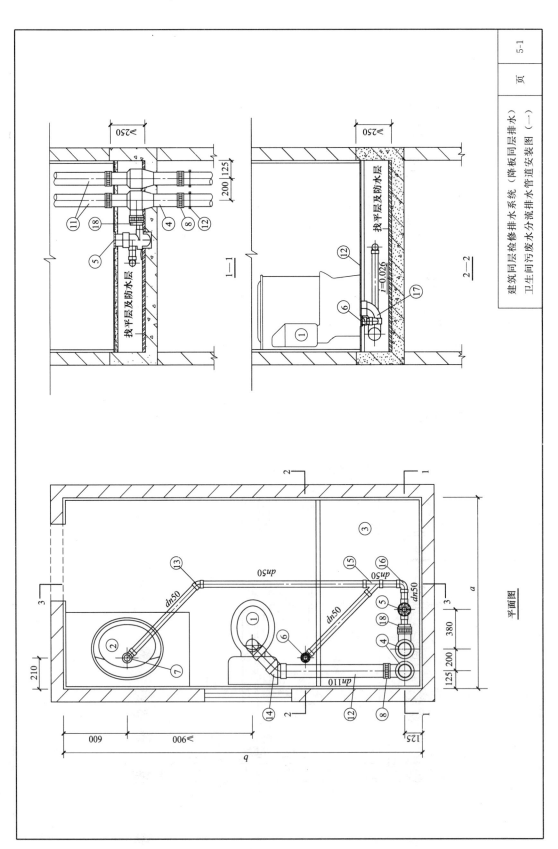

建筑同层检修排水系统（降板同层排水）
卫生间污废水分流排水管道安装图（一）

平面图

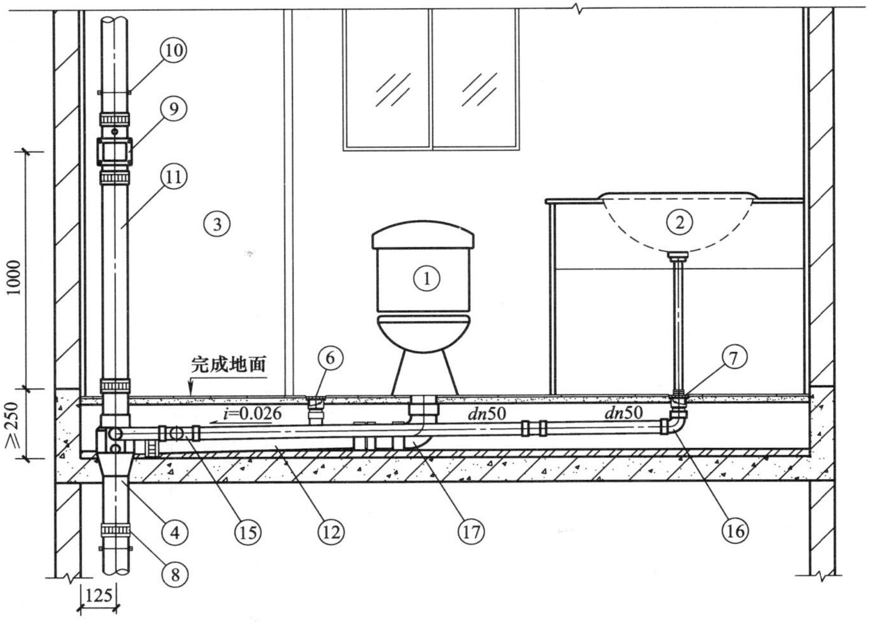

主要材料表

编号	名称	规格	材料	单位	数量
①	坐便器	自定	陶瓷	套	1
②	洗脸盆	自定	陶瓷	套	1
③	淋浴房	自定	钢化玻璃	套	1
④	导流三通	W3(I)	铸铁	个	2
⑤	同层检修地漏	D－I	PVC-U和不锈钢	套	1
⑥	直通防臭地漏	L－I	PVC-U	个	1
⑦	器具连接器	L－II	PVC-U	套	1
⑧	不锈钢卡箍		不锈钢	套	—
⑨	系统测试检查口	DN100	铸铁	个	—
⑩	立管管卡	WAJ	Q-235A	个	—
⑪	排水立管	U型	铸铁	米	—
⑫	排水支管	DN100	PVC-U	米	1
⑬	45°弯头	dn50/dn110	PVC-U	个	1
⑭	45°弯头	dn50	PVC-U	个	1
⑮	45°斜三通	dn110	PVC-U	个	1
⑯	90°弯头	dn50×dn50	PVC-U	个	3
⑰	90°弯头	dn50	PVC-U	个	1
⑱	补芯式异径管	dn50×dn110	PVC-U	个	1

3—3

完成地面
i=0.026

1000
≥250
125

建筑同层检修排水系统（降板同层排水）
卫生间同污废水分流排水管道安装图（二）

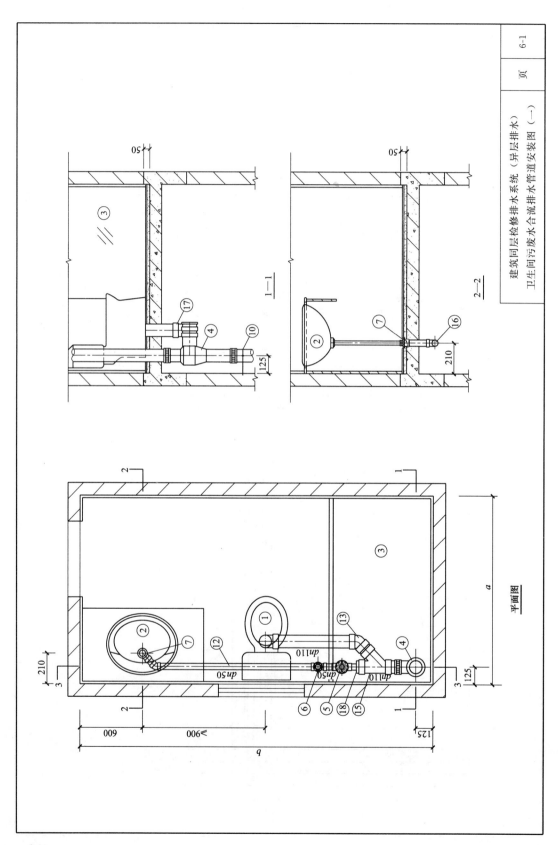

平面图

1—1

2—2

建筑同层检修排水系统（异层排水）
卫生间污废水合流排水管道安装图（一）

页 6-1

主要材料表

编号	名称	规格	材料	单位	数量
①	坐便器	自定	陶瓷	套	1
②	洗脸盆	自定	陶瓷	套	1
③	淋浴房	自定	钢化玻璃	套	1
④	导流三通	W3(I)	铸铁	个	1
⑤	同层检修地漏	D-Ⅱ	PVC-U和不锈钢	套	1
⑥	直通防臭地漏	L-Ⅰ	PVC-U	个	1
⑦	器具连接器	L-Ⅱ	PVC-U	个	1
⑧	不锈钢卡箍	DN100	不锈钢	套	—
⑨	系统测试检查口	WAJ	铸铁	个	—
⑩	立管管卡	U型	Q-235A	个	—
⑪	立管	DN100	铸铁	米	—
⑫	排水立管	dn50/dn110	PVC-U	米	—
⑬	排水支管	dn110	PVC-U	个	1
⑭	45°弯头	dn50×dn50	PVC-U	个	1
⑮	90°顺水三通	dn110×dn110	PVC-U	个	1
⑯	45°斜三通	dn50	PVC-U	个	1
⑰	90°弯头	dn110	PVC-U	个	1
⑱	补芯式异径管	dn50×dn110	PVC-U	个	1

建筑同层检修排水系统（异层排水）
卫生间同污废水合流排水管道安装图（二）

3—3

$i=0.026$　dn50　dn110

说明：
1.立管预留孔洞及同层检修地漏预埋做法参见本图集第60页；
2.排水立管穿楼板防水做法参见本图集第61页；
3.直通防臭地漏及器具连接器安装参见本图集第64页；
4.立管管道的连接方式应与选用的导流接头的接口型式相适应。

141

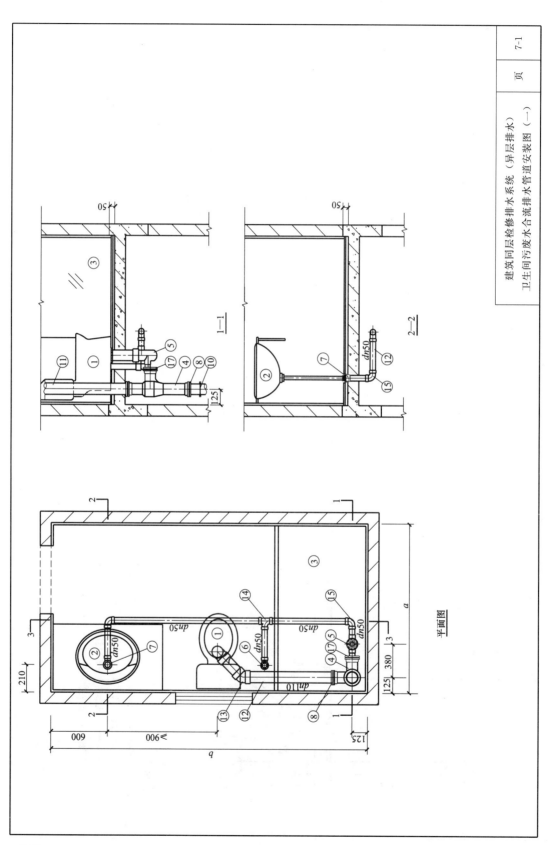

1—1

2—2

平面图

142

主要材料表

编号	名 称	规 格	材 料	单位	数量
①	坐便器	自定	陶瓷	套	1
②	洗脸盆	自定	陶瓷	套	1
③	淋浴房	自定	钢化玻璃	套	1
④	导流直角四通	B4Z(I)	铸铁	个	1
⑤	同层检修地漏	D-Ⅱ	PVC-U和不锈钢	套	1
⑥	直通防臭地漏	L-Ⅰ	PVC-U	个	1
⑦	器具连接器	L-Ⅱ	PVC-U	个	1
⑧	法兰压盖	DN100	铸铁	套	—
⑨	系统测试检查口	WAJ	铸铁	个	—
⑩	立管卡	U型	Q-235A	个	—
⑪	排水立管	DN100	铸铁	米	—
⑫	排水支管	dn50/dn110	PVC-U	米	—
⑬	45°弯头	dn110	PVC-U	个	1
⑭	90°顺水三通	dn50×dn50	PVC-U	个	1
⑮	90°弯头	dn50	PVC-U	个	3
⑯	90°弯头	dn110	PVC-U	个	1
⑰	补芯式异径管	dn50×dn110	PVC-U	个	1
⑱	不锈钢卡箍	DN100	不锈钢	套	—

3—3

$i=0.026\ dn50$

dn50

dn110

建筑同层检修排水系统（异层排水）
卫生间污废水合流排水管道安装图（二）

页 7-2

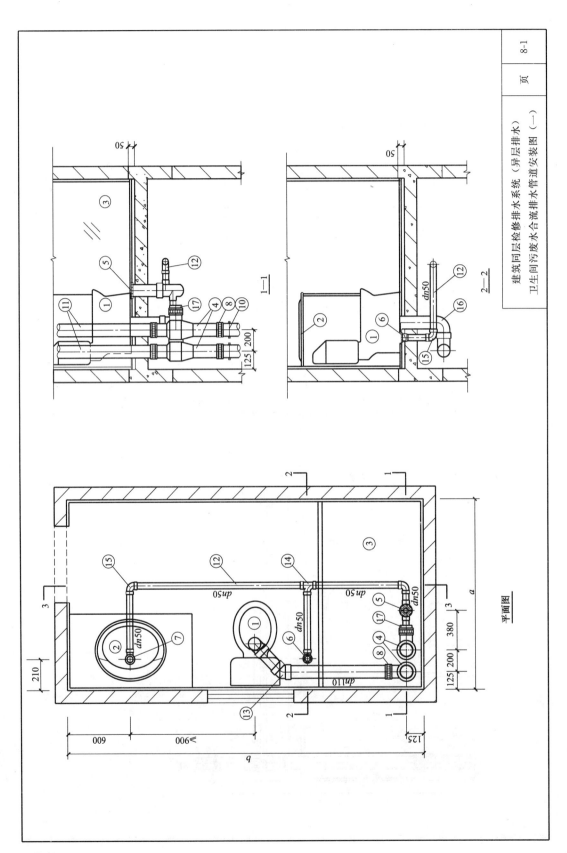

1—1

2—2

平面图

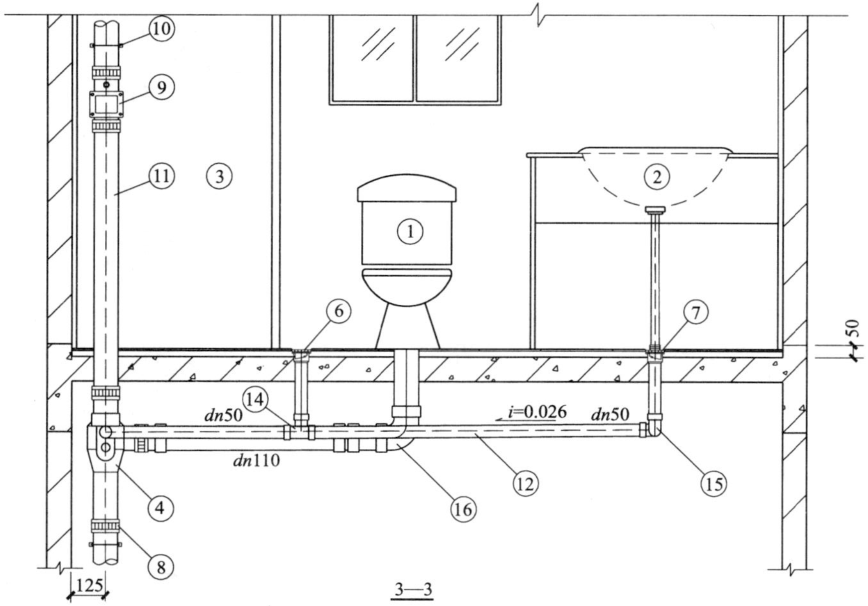

主要材料表

编号	名　称	规　格	材　料	单位	数量
①	坐便器	自定	陶瓷	套	1
②	洗脸盆	自定	陶瓷	套	1
③	淋浴房	自定	钢化玻璃	套	1
④	导流三通	W3(I)	铸铁	个	2
⑤	同层检修地漏	D-II	PVC-U和不锈钢	套	1
⑥	直通防臭地漏	L-I	PVC-U	个	1
⑦	器具连接器	L-II	PVC-U	套	1
⑧	不锈钢卡箍		不锈钢	个	—
⑨	系统测试检查口	DN100	铸铁	个	—
⑩	立管卡	WAJ	Q-235A	个	—
⑪	排水立管	U型	PVC-U	米	—
⑫	排水支管	DN100	铸铁	米	—
⑬	45°弯头	dn50/dn110	PVC-U	个	1
⑭	90°顺水三通	dn50×dn50	PVC-U	个	1
⑮	90°弯头	dn50	PVC-U	个	4
⑯	90°弯头	dn110	PVC-U	个	1
⑰	补芯式异径管	dn50×dn110	PVC-U	个	1

建筑同层检修排水系统（异层排水）
卫生间同污废水合流排水管道安装图（二）

3—3

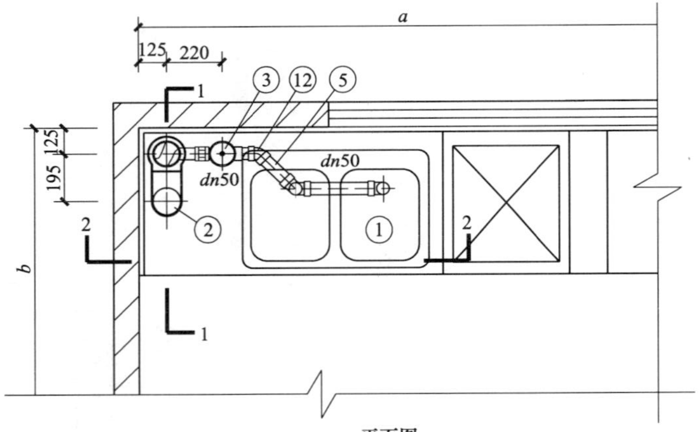

主要材料表

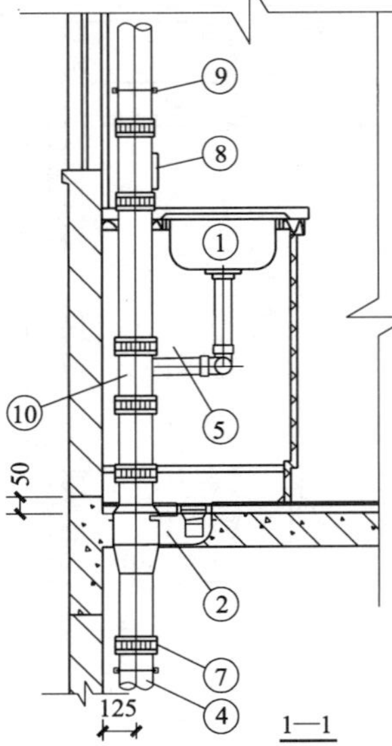

编号	名 称	规 格	材 料	单位	数量
①	洗涤盆	自定	不锈钢	套	1
②	导流连体地漏	D-Ⅲ	铸铁	套	1
③	水封盒	D-S	PVC-U	套	1
④	排水立管	DN100	铸铁	米	—
⑤	排水支管	dn50	PVC-U	米	—
⑥	不锈钢卡箍	DN50	不锈钢	套	—
⑦	不锈钢卡箍	DN100	不锈钢	套	—
⑧	系统测试检查口	WAJ	铸铁	个	—
⑨	立管管卡	U型	Q-235A	个	1
⑩	90°顺水三通	DN100×DN50	铸铁	个	1
⑪	90°顺水三通	dn50×dn50	PVC-U	个	1
⑫	45°弯头	dn50	PVC-U	个	1
⑬	90°弯头	dn50	PVC-U	个	2

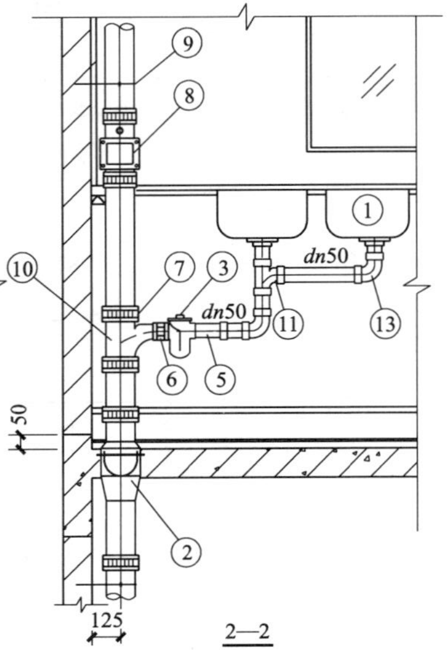

平面图

2—2

1—1

建筑同层检修排水系统（不降板同层排水）
厨房排水管道安装图

146

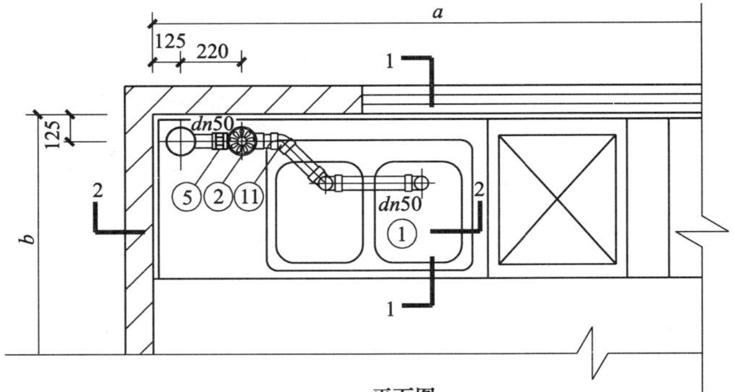

建筑同层检修排水系统（异层排水）
厨房排水管道安装图

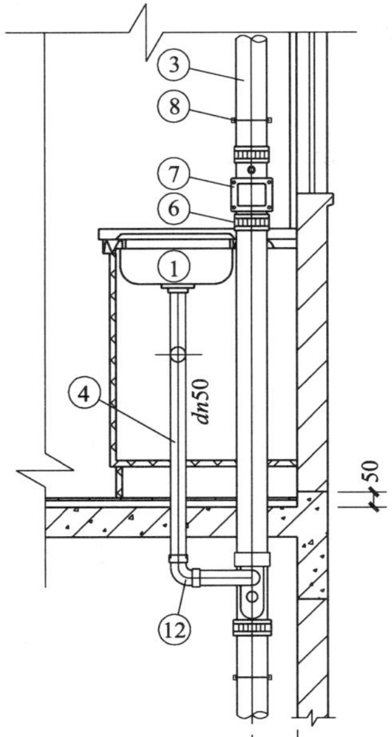

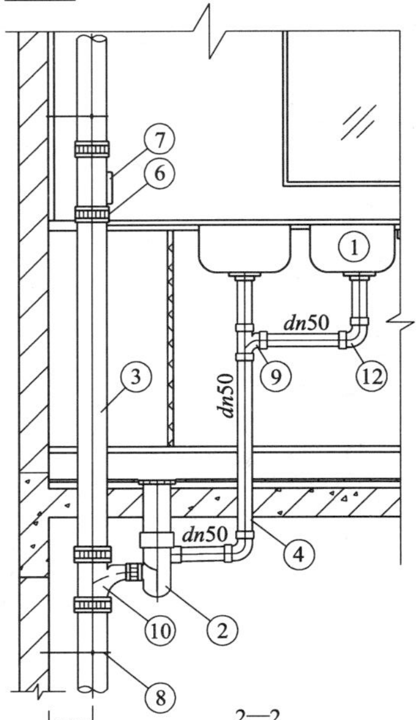

主要材料表

编号	名称	规格	材料	单位	数量
①	洗涤盆	自定	不锈钢	套	1
②	同层检修地漏	D-Ⅱ	PVC-U	套	1
③	排水立管	DN100	铸铁	米	—
④	排水支管	dn50	PVC-U	米	—
⑤	不锈钢卡箍	DN50	不锈钢	套	1
⑥	不锈钢卡箍	DN100	不锈钢	套	6
⑦	系统测试检查口	WAJ	铸铁	个	1
⑧	立管管卡	U型	Q-235A	个	—
⑨	90°顺水三通	dn50×dn50	PVC-U	个	1
⑩	90°顺水三通	DN100×DN50	铸铁	个	1
⑪	45°弯头	dn50	PVC-U	个	1
⑫	90°弯头	dn50	PVC-U	个	2

平面图

1—1

2—2

147

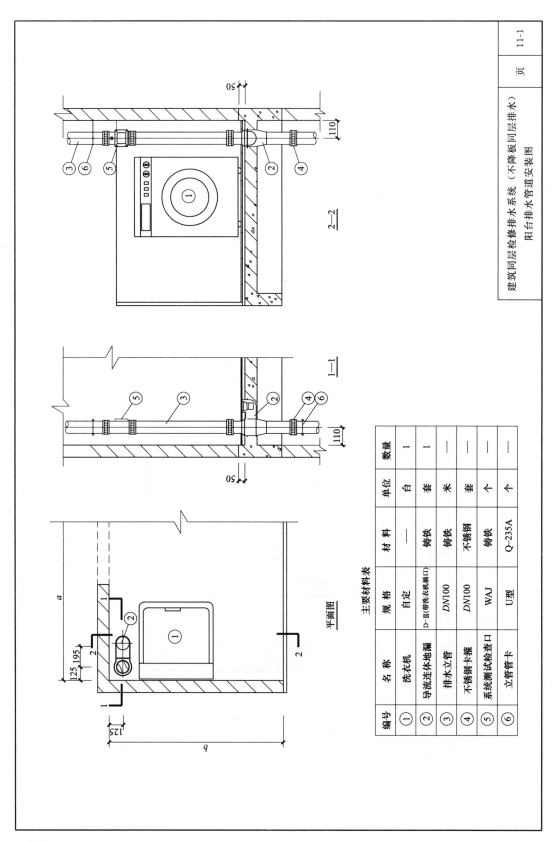

主要材料表

编号	名 称	规 格	材 料	单位	数量
①	洗衣机	自定	—	台	1
②	导流连体地漏	D—Ⅲ(带洗衣机插口)	铸铁	套	1
③	排水立管	DN100	铸铁	米	—
④	不锈钢卡箍	DN100	不锈钢	套	—
⑤	系统测试检查口	WAJ	铸铁	个	—
⑥	立管管卡	U型	Q-235A	个	—

平面图

2—2

1—1

建筑同层检修排水系统（不降板同层排水）
阳台排水管道安装图

页 11-1

148

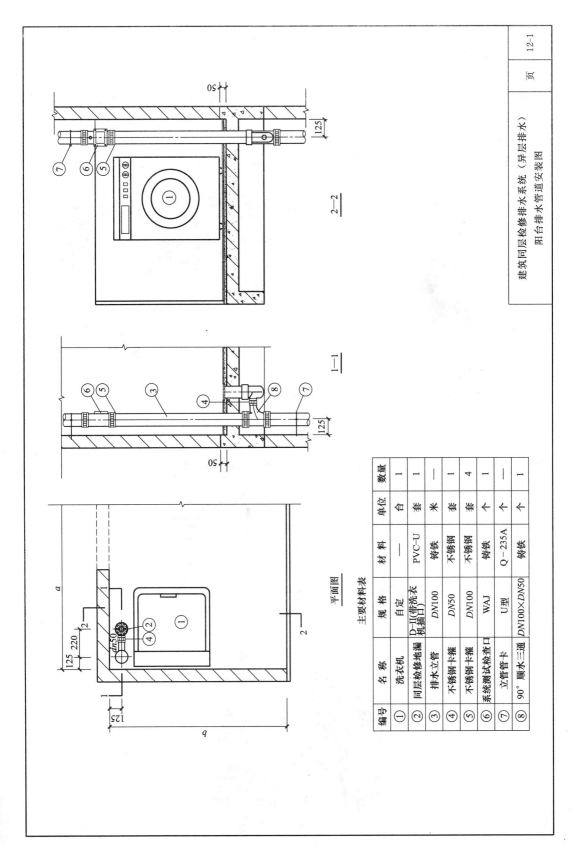

主要材料表

编号	名称	规格	材料	单位	数量
①	洗衣机	自定	—	台	1
②	同层检修地漏	D-II(带洗衣机插口)	PVC-U	套	1
③	排水立管	DN100	铸铁	米	—
④	不锈钢卡箍	DN50	不锈钢	套	1
⑤	不锈钢卡箍	DN100	不锈钢	套	4
⑥	系统测试检查口	WAJ	铸铁	个	1
⑦	立管管卡	U型	Q-235A	个	—
⑧	90° 顺水三通	DN100×DN50	铸铁	个	1

2—2

1—1

平面图

建筑同层检修排水系统（异层排水）
阳台排水管道安装图

5.7 工程应用实例

建筑同层检修排水系统在云南、重庆、广东、福建、贵州等已经在一千多万平方米建筑中得到应用。

5.7.1 建筑同层检修排水系统（异层排水）安装实例

图 5-36 为异层特殊排水立管安装，图 5-37～图 5-39 为异层排水支管安装。

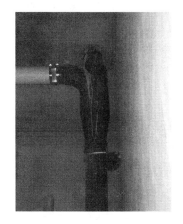

图 5-36 异层特殊排水立管安装

图 5-37 异层排水支管安装（一）

图 5-38 异层排水支管安装（二）

图 5-39 异层排水支管安装（三）

5.7.2 建筑同层检修排水系统（同层排水）安装实例

图 5-40 为降板同层排水特殊单立管安装，图 5-41 和图 5-42 为降板同层排水支管安装，图 5-43 为厨房或阳台不降板同层排水立管安装。

图 5-40　降板同层排水特殊单立管安装

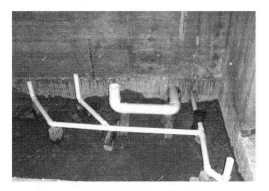

图 5-41　降板同层排水支管安装（一）　　　图 5-42　降板同层排水支管安装（二）

图 5-43　厨房或阳台不降板同层排水立管安装

第6章　建筑同层检修排水系统验收

6.1　概述

验收是保障工程质量符合设计要求和使用要求的重要环节，通过验收能够在系统全面投入使用前，及时发现并改正安装过程中存在的不正确、不合理、不到位之处，按施工进程的时间划分，建筑同层检修排水系统的验收可分为进场验收、中间验收和竣工验收，中间验收也称为局部工程验收，竣工验收也称为整体工程验收。

建筑排水系统与人们生活密切相关，国家推行健康住宅建设理念，营造舒适健康的居住环境离不开建筑排水系统，日常生活中，建筑排水系统故障多以返臭、漏水、堵塞等形式表现出来，而所有这些都与验收有着直接或间接的关系。建筑排水系统排水一般为非满流，一些管道接口即便不漏水，却并不代表就不会漏气，有毒有害气体进入室内不仅仅只发生在水封被破坏之时，常常也发生在平时正常使用的建筑排水系统中，建筑排水系统出现漏气对人们造成的负面影响将是持续性的、隐蔽性的。

目前，建筑排水系统的验收依据主要是施工图纸和现行有关标准，现行有关标准既有产品标准，也有安装和检验方面的标准。建筑排水系统的验收内容和验收通过的标准直接关系到验收环节的执行力度和效果，灌水试验、通球试验、通水试验、坡度检验、防火措施等是建筑排水系统主要的验收内容，建筑同层检修排水系统也必须符合建筑排水系统在验收方面的所有规定。同时，基于建筑同层检修排水系统本身的一些特点和人们对建筑排水系统要求的提高，也决定了建筑同层检修排水系统在验收方面和传统做法相比其自身的特点和更高的要求。

安全的建筑排水系统，在本书被定义为建筑排水系统气密性能良好，额定的排水流量或短时的超负荷排水流量不会破坏建筑排水系统中的任何一个水封，水封在建筑物的整个使用寿命周期内都能发挥阻隔臭气进入室内的作用，排水畅通不易堵塞，排水清堵简单可靠。安全的建筑排水系统需要优质的产品，精心的设计，规范的安装，还需要一套完整的验收程序作保障，本章侧重于建筑同层检修排水系统的验收，特别是建筑同层检修排水系统的卫生安全性能验收，主要包括进场验收、中间验收和竣工验收三大部分。建筑同层检修排水系统虽然拥有众多优点，不但需要严格的生产、设计和施工等过程中的保障，而且还需要通过严格的验收程序来保障，只有这样才能确保建筑同层检修排水系统放心投入运行。

本章所述的验收内容和验收方法具有普遍性，适用于各种不同类型的建筑排水系统的验收，结合系统特点及现行有关标准，对建筑同层检修排水系统涉及的验收内容、验收做法、验收要求逐项逐次展开论述分析。

6.2 进场验收

建筑同层检修排水系统有使用到的材料进场验收是检验和保证材料质量、工程质量的重要措施。各类材料在进场时进行产品质量验收，以保证进场使用的材料符合设计要求、产品标准和材料计划，是建筑同层检修排水系统工程安装质量和顺利施工的基础。

建筑同层检修排水系统使用到的材料主要包括：柔性接口机制铸铁排水管及管件、硬聚氯乙烯塑料排水管材（PVC-U 管）及管件、各种排水附件和配件。由于建筑同层检修排水系统含有部分特殊管件和特殊配件，它们有其作为系统组成部分的额外作用，如加强型旋流器还涉及排水流量，因此对使用的特殊管件和特殊配件还应检验其附件的功能检验报告。除了在设计文件中对材料有特别的交代外，铸铁排水管及管件进场验收依据国家标准《排水用柔性接口铸铁管、管件及附件》GB/T 12772—2008，硬聚氯乙烯（PVC-U）管材及管件进场验收应根据国家标准《建筑排水用硬聚氯乙烯（PVC-U）管材》GB/T 5836.1—2006 和《建筑排水用硬聚氯乙烯（PVC-U）管件》GB/T 5836.2—2006 的要求，地漏进场验收依据城镇建设行业标准《地漏》CJ/T 186—2003 的要求，材料的检验涉及化学含量和成分的测定，进场多不具备这些条件，目前一般采取进场材料附检验报告的做法。

进场验收的主要目的在于：

（1）检查进场材料品种、规格、数量是否符合材料进场计划；

（2）根据设计要求和产品标准，检查进场材料外观、尺寸（长度、口径、壁厚等）、重量、形状（圆度、弯曲度、垂直度等）、防腐涂装（防腐涂料材质、附着力、涂层厚度等）等项目，对于水封类材料，还需要重点检验其水封高度是否符合要求，对于内置导流叶片的加强型旋流器，还需要检验其是否有保证旋流叶片不被污废水冲蚀的措施。

对于建筑同层检修排水系统使用到的主要产品，进场验收时可采用以下一些简单实用的方法进行质量鉴别。

1. 柔性接口机制排水铸铁管及管件

（1）机制管材同一横截面壁厚均匀偏差在 0.5mm 以内（管材横截面取管口 200mm 以下）大于 0.5mm 的偏差为非机制管材；

（2）机制管件的同一横截面壁厚均匀，偏差在 0.3mm 以内（管材横截面取管口下 20mm），大于 0.3mm 的偏差均为非机制管件；

（3）特殊配件的内防腐均应使用喷塑防腐，防腐厚度应≥120μm；

（4）使用手工锯条在管体上轻轻据一个来回，能够产生据痕则无白口，不能产生锯痕的有白口，为不合格产品。

2. 橡胶密封圈

（1）合格的橡胶闻起来无刺激性味道，不合格的产品刺激性味道浓烈，橡胶质地均匀；

（2）不合格的产品在柴油、汽油、生活用油的浸泡下会变形、开裂，在柴油中浸泡 24h 就非常明显，合格的产品不会产生变形、开裂。不合格的橡胶可能含有蜂窝、气孔、皱折、缺胶、开裂、飞边及外伤切口等缺陷。

3. 不锈钢卡箍

合格的不锈钢材质在饱和盐水中浸泡不会产生锈迹，不合格材质浸泡超过48h，取出放在空气中就会生锈。

4. PVC-U 塑料管材及管件

合格的产品轻钙含量低，不合格的产品轻钙含量高。合格的产品可用重锤打不易破碎，不合格的产品容易破碎。

6.3 中间验收

中间验收主要是进行隐蔽工程验收和建筑排水系统全部安装完毕后进行通水试验、通球试验等。凡是在竣工验收前被隐蔽的工程项目，都必须进行中间验收，验收合格后，方可进行下一工序，隐蔽工程全部验收合格后，方可回填沟槽。最后清除管体外壁在安装期间粘结的污垢或水泥浆，按设计或用户要求补涂、补刷防腐材料。

中间环节验收既可作为施工单位会同监理单位共同进行验收一环，主要针对隐蔽工程验收，也可作为施工安装人员自行检查施工质量的中间环节。

中间验收通用的验收内容包括：①选用的管材、管件是否符合现行国家的有关标准和使用要求；②管道位置、标高和坡度是否正确；③管道支吊架安装是否牢固并采取防腐措施，与管道接触是否均衡受力；④排水管道穿越楼板部分是否渗漏并有防渗漏措施；⑤排水立管及横干管通球试验是否达到100%；⑥辅助配件设置符合设计要求等。另外，暗装或相对隐蔽的场所采用不锈钢卡箍连接或法兰压盖连接时，应采取表面涂刷防腐涂料、沥青漆等防腐措施。

以上验收项目的检验方法和判定结果可参考《建筑给水排水及采暖工程施工质量验收规范》GB 50242—2002 中的有关内容，本节重点对建筑同层检修排水系统主要在中间验收时应重点注意的主要问题。

（1）对于采用卫生间降板同层排水的建筑同层检修排水系统，在工程中间验收时，即回填轻质材料或架空面板前，应注意检验以下项目：

1）卫生间结构降板层内防水层是否被破坏并由防止其被破坏的措施，在必要时，可在防水层上方用水泥砂浆作为防水保护层；

2）同层检修地漏的安装位置是否会影响其后续使用，如可能存在柜式洗脸台下方设置同层检修地漏导致其内套拔出难问题；

3）同层检修地漏的积水止回阀是否正常，积水收集皿上方是否固定有外包土工布或滤布的盲管，如果积水收集皿离同层检修地漏存在一定距离，该管道坡度是否达到设计要求，是否存在重复设置存水弯的情况；

4）同层检修地漏裁剪后内外套长度是否无误，检查配套橡胶圈是否完整并无损坏，检查内套拔出力度是否合适；

5）加强型旋流器与横支管的连接是否紧密牢固，在水流偏转、汇合之处是否设置有砖墩并将其固定，加强型旋流器外壁与墙体净距是否满足设计要求；

6）通水试验是否存在渗漏。

（2）对于卫生间采用异层排水的建筑同层检修排水系统，除了可参考以上的检验项目外，还应注意检查同层检修地漏的水流方向和异径排水横支管是否为管顶平接。

（3）对于厨房和阳台采用同层排水的建筑同层检修排水系统，除了可参考以上提到的检验项目外，还应注意导流连体地漏的安装高度，应确保在塑料件旋入铸铁件后，其不锈钢算子顶面高出毛坯楼面不宜大于 30mm。

（4）对于底部异径弯头，若采用卡箍连接，应检查是否使用加强型卡箍连接排水立管和排水横干管或排出管，并且有可靠的固定底部弯头的支墩或其他防止其移动的措施。

（5）对于采用加强型旋流器的特殊单立管排水系统，不得设置任何形式的消能措施（如消能弯），并且在没有横支管接入的楼层增设导流接头，在超高层建筑的避难层存在此种情况。导流接头可采用导流直通，也可以采用导流三通并用盲堵封住横支管接口。

（6）对于室内排水管道，其主控项目应包含：灌水试验、坡度检验、通球试验和通水试验等。

建筑排水管道施工一般是按先地下后地上、由下而上的顺序。当埋地管道铺设完毕后，为了保证其不被损坏和不影响土建及其他工序的施工，必须将开挖的管沟及时回填。为了确保隐蔽或埋地的排水管道安装质量，《建筑给水排水及采暖工程施工质量验收规范》GB 50242—2002 第 5.2.1 条规定："隐蔽或埋地的排水管道在隐蔽前必须做灌水试验，其灌水高度应不低于底层卫生器具上边缘或底层地面高度。"对于多层、高层（如酒店）等综合性建筑，建筑排水系统比较复杂，不仅要对埋地排水管道作灌水试验，而且要对管道井中以及吊顶内的排水管道进行检查，因这些部位的排水管道隐蔽后，一旦渗水，不仅维修困难影响使用，而且污染室内环境，造成很大损失。

合格的建筑排水系统应该是严密不漏和畅通不堵，要达到这一要求，就必须在施工过程中，对建筑排水系统进行一系列的检查和试验等。具体地讲，采用灌水及通水的方法检查排水管道的严密性，验证是否渗漏，用通球和通水的方法检查排水管道的通畅性，验证是否堵塞等。

6.3.1 通球试验

大多数建筑排水系统较为复杂，施工工期长，在排水立管和排水横干管安装过程中，各种建筑材料（如砂浆块、断砖、木块等）有可能进入管内，造成排水立管及中间弯头被大块物体堵塞，仅通过通水试验难以发现。除了在安装完毕后及时保护好管口外，还应在排水立管和排水横干管安装完毕后进行通球试验。

通球试验方法是将一直径不小于 2/3 排水立管直径的橡胶球或木球，当排水立管上设置有加强型旋流器时，其直径应不小于内置导流叶片处 2/3 净宽，用线贯穿并系牢（线长略大于立管总高度）然后将球从伸出屋面的通气口向下投入，看球能否顺利地通过主管并从出户弯头处溜出，如能顺利通过，说明主管无堵塞。如果通球受阻，可拉出通球，测量线的放出长度，则可判断受阻部位，然后进行疏通处理，反复作通球试验，直至管道通畅为止，如果排水出户管弯头后的横向管段较长，通球不易滚出，可灌些水帮助通球流出。通球试验必须 100%通过。

6.3.2 通水试验

当建筑排水系统及卫生器具安装完毕后，将全部卫生设施同时打开 1/3 以上，此时建筑排水管道的排水流量约相当于高峰排水流量。对每根管道和接口进行检查有无渗漏发生，各卫生器具的排水是否通畅。同时观察地面放水后，是否能汇集到同层检修地漏处并顺利排走，对于异层排水还应到下一层空间内观察地漏与楼板结合处是否漏水。如果受条件限制，不能全系统同时通水，也可分层进行通水试验，分层检查横支管是否渗漏、堵塞，分层通水试验时应将本层的卫生设施全部打开。

对于一般建筑物，室内排水系统较简单，可在交工前作通水试验，模拟排水系统的正常使用情况，检查其有无渗漏及堵塞。方法是：当给水排水系统及卫生器具安装完毕，并与室外供水管接通后，将全部卫生设施同时打开1/3以上，此时排水管道的流量大概相当于高峰用水的流量。然后，对每根管道和接头检查有无渗漏，各卫生器具的排水是否通畅。对于有地漏的房间，可在地面放水，观察地面水是否能汇集到地漏顺利排走，同时到下面一层观察地漏与楼板结合处是否漏水。如果限于条件，不能全系统同时通水，也可采用分层通水试验，分层检查横支管是否渗漏堵塞。分层通水试验时应将本层的卫生设施全部打开（也可用本层的消火栓用水代替作通水试验）。

通水试验不足之处是：因为排水管径的设计不是按满流设计，因此打开全部卫生设施放水时，不能将排水管道充满，一般不会超过排水管断面积的一半，因而只能检查到排水横支管的下半周，如果上半周管道有缺陷常常查不出来。上半周的缺陷只能等系统局部产生堵塞而导致横管溢水时才能暴露出来。

6.3.3 灌水试验

《建筑给水排水及采暖工程施工质量验收规范》GB 50242—2002第5.2.1条规定："隐蔽或埋地的排水管道在隐蔽前必须做灌水试验，其灌水高度应不低于底层卫生器具的上边缘或底层地面高度。检验方法：满水15min水面下降后，再灌满观察5min，液面不将，管道及接口无渗漏为合格。"整个施工规范中对于管道系统渗漏的验收仅此一条，只针对隐蔽或埋地的排水管道，灌水15min后水面会下降主要是因为采用的是旧式承插铸铁管，其接口填料一般采用石棉水泥和油麻，会吸收一部分水分。对明装的排水管道却没有提出检验漏水的要求，隐蔽或埋地的排水管道似乎主要是针对排出管的，如果是隐蔽的排水立管进行灌水试验，灌水高度与底层卫生器具的上边缘或底层地面高度又有何种联系？如果是排水立管进行灌水试验，目前没有统一的操作流程和规范依据，这是目前建筑排水系统验收中存在的问题。

《建筑排水金属管道工程技术规程》CJJ/T 127—2009第6.1.1条规定：埋地及所有隐蔽的生活排水金属管道，在隐蔽前，根据工程进度必须作灌水试验或分层灌水试验，并应符合下列规定：

（1）灌水高度不应低于该层卫生器具的上边缘或底层地面高度；

（2）试验时连续向试验管段灌水，直至达到稳定水面（如水面不再下降）；

（3）达到稳定水面后，应继续观察15min，水面应不再下降，同时管道及接口无渗漏，则为合格，同时应做好灌水试验记录。

图6-1为灌水试验和通球试验示意。

6.3.4 气密性检测

建筑同层检修排水系统气密性检测主要使用建筑排水系统测试仪。图6-2建筑排水系统测试仪示意，图6-3为建筑排水系统气密性检测示意。

（1）建筑排水系统气密性检测可按下列步骤进行：

1）将需测试的排水系统水封注满水，没有水封的地方用膨胀堵头或胶带缠绕密封住；

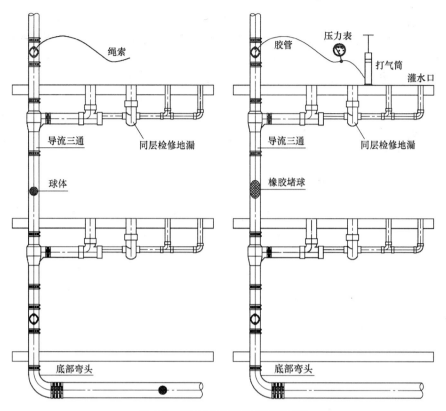

图 6-1　灌水试验和通球试验示意

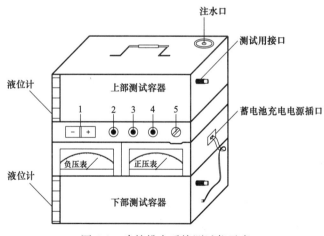

图 6-2　建筑排水系统测试仪示意

1—正负压转换开关；2—循环泵启动按钮；3—负压归零按钮；4—正压归零按钮；5—压力调节按钮

2）用膨胀堵头密封最高处和最低处系统测试检查口内的管道通道，无测试检查口的测试段可用橡胶充气堵球临时堵塞管道；

3）拧开系统内的任一系统测试检查口上的测试口，把排水系统测试仪上的测试管与测试口相连；

4）缓慢调节仪器上的排水口阀门，同时观察压力表指针显示数据的变化；

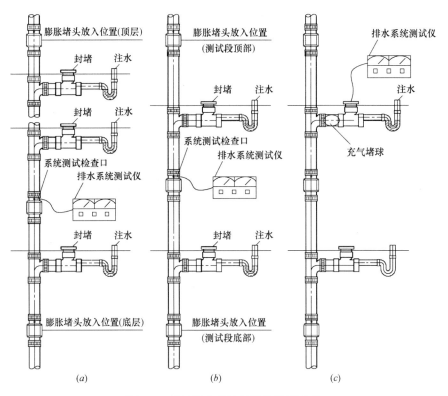

图 6-3　建筑排水系统气密性检测示意

5）测试完毕后，拧出测试管把系统测试检查口上拧下的堵头拧回系统测试检查口。

（2）在测试过程中取得数据和现象可记录下来作为验收存档资料，以下是对数据的判定方法，作为验收结果或发现问题的途径。表 6-1 为检查某排水管段气密性的实验数据。

1）指针平稳摆动时，表示管道的密封性能基本良好，漏水的可能性较小；当压力表显示压力（正压或负压）在±400Pa 时，关闭仪器上的压力调节旋钮，10min 后观察压力表上的读数变化，压力损失在±100Pa 以内时，排水管道密封性能很好，不会漏水；

2）压力表读数没有变化、无法平稳摆动时，表示管道密封性能有问题，管道存在漏水隐患；当压力表显示压力（正压或负压）在±400Pa 时，关闭仪器上的压力调节旋钮，10min 后观察压力表上的读数变化，压力损失大于±100Pa 时，排水管道存在漏水隐患。此时均应逐段分点检测，找出漏水点或漏气点；

（3）当无条件连接排水系统测试仪或存在其他原因，导致无法检测管道气密性时，仍应进行灌水试验以检查是否存在漏水点。

气密性检测采集数据（Pa）　　　　　　　　　　　　　　　　表 6-1

测试管道长度	初始	0min	1min	3min	5min	7min	10min	12min	15min
	400	400	385	418	412	400	412	430	420
	400	400	397	397	402	390	388	—	—
0.6m 管长	400	400	392	388	378	375	369	—	—
	400	400	382	360	—	—	—	—	—
	400	400	400	400	407	390	365	—	—

测试管道长度	初始	0min	1min	3min	5min	7min	10min	12min	15min
3m管长	400	400	350	320	320	—	—	—	—
	400	400	380	350	290	—	—	—	—
	400	400	330	355	—	—	—	—	—
	400	400	370	270	—	—	—	—	—
	100	400	395	385	378	370	392	398	392
	400	400	390	380	382	390	400	420	421
100m管长	400	380	385	400	415	419	435	450	13min击穿
	300	290	311	354	392	427	445(8min)、460(9min)、9.5min击穿		

6.3.5　水封检测

一直以来，对安装好的排水系统都缺乏对水封性能的检测，对使用的水封类产品仅进行进场抽检，甚至未通过检验就安装，一旦有不符合要求产品被安装，将对后面使用造成卫生安全隐患。水封的检测方法是：在进行本章第 6.3.4 节所述步骤并确认气密性良好的情况下，当压力表读数同步缓慢升高到±500Pa 以上突然剧烈抖动或无法升高时，即表示该系统水封安全可靠；低于±500Pa 产生剧烈抖动或无法升高时，即表示该系统水封不合格。此时应逐段测试，找出不合格水封或导致测试异常的原因。

对市场销售两种存水弯（水封）产品进行检测，发现 A 品牌的存水弯在负压持续上升至 500Pa 时被击穿，与实测水封高度相符，为合格产品；而 B 品牌的存水弯在负压仅上升至 245Pa 时就被击穿，与实测水封高度相符，为不合格产品。

6.3.6　满水试验

《建筑给水排水及采暖工程施工质量验收规范》第 7.2.2 条规定："卫生器具交工前应做满水和通水试验。这主要是检验卫生器具安装是否达标的要求。"第 7.4.2 条规定："连接卫生器具的排水管道接口应紧密不漏……"这些主要是检验卫生器具排水管道安装是否达到要求。满水试验主要是针对卫生器具的安装是否符合要求而规定的，在卫生器具全部或部分安装完毕后进行，达标要求为对卫生间、厨房和阳台的卫生器具分别进行满水试验，灌水高度为卫生器具的上边缘（溢流口位置），满水 24h 后检查，各连接件不渗、不漏为合格。一般满水试验后即可进行通水试验，在提交的试验记录中应注明试验的卫生器具类型、安装数量、试验数量、满水时间、满水高度和各连接件接口严密性检查情况。

6.4　竣工验收

工程项目的竣工验收是施工全过程的最后一道程序，也是工程项目管理的最后一项工作。它是建设投资成果转入生产或使用的标志，也是全面考核投资效益、检验设计和施工质量的重要环节。竣工验收是工程交付使用之前的最后一个环节，也是施工单位和建设单位进行最后的交割，是施工单位和建设单位在合同中共同约定的一个达标依据。

在建筑同层检修排水系统投入使用后，可能后续会用到的管件包括系统测试检查口、清扫口、同层检修地漏、水封盒、导流连体地漏、器具连接器等，因此，应确保这些管件和配件设置无误，有可供以后方便进行维护的空间。

（1）系统测试检查口和清扫口的验收应符合如下规定：

1）检查口中心距该层地面高度为1.0m，允许偏差±20mm。检查口的朝向应便于连接测试仪器。暗装立管应在检查口处设置检修门。

2）当排水横管在楼板下悬吊敷设时，可将清扫口设置在上一层的地面上，并与地面相平；排水横管起点清扫口与管道相垂直墙面的距离不得小于150mm。若在排水横管起点设置堵头代替清扫口时，其与管道相垂直墙面的距离不得小于400mm。

（2）同层检修地漏和水封盒应确保水流方向没有错误，同层检修地漏、导流连体地漏和器具连接器的顶面标高应低于完成装饰面或在未铺设装饰面层之前就已考虑到该要求，水封盒的盖子是否密闭完好。

（3）在进场进行整体工程验收前，施工单位应提供以下文件：①施工图及设计变更文件；②特殊管件与特殊配件、普通管材与管件的质量合格证明文件；③局部工程验收记录（含管道系统气密性试验记录和系统水封试验记录）；工程质量检验评定记录。

竣工验收是建设单位会同设计、施工、设备供应单位及工程质量监督部门，对该项目是否符合规划设计要求以及建筑施工和设备安装质量进行全面检验，取得竣工合格资料、数据和凭证。竣工验收合格后，建设单位应将有关文件、资料立卷归档。竣工验收全面检验建筑排水管道工程是否符合设计、工程质量标准，对不符合部分、项目进行返修、返工，全部验收合格后，方可投入使用。

竣工验收按照设计要求和《建筑给水排水及采暖工程施工质量验收规范》GB 50242—2002等相关标准的规定进行。

（1）对于采用柔性抗震铸铁排水管的项目，其主控项目和一般项目如下：

1）主控项目：隐蔽工程验收、通水试验、通球试验、压力管道水压试验、管道安装允许偏差、排水横管坡度、支架（管卡）、吊架（托架）、支墩等位置应正确，安装牢固、柔性接口卡箍、法兰压盖、橡胶密封套（圈）应齐全，安装正确，螺栓拧紧。

2）一般项目：符合设计要求和本规程规定。对于排水管道的除锈、防腐和保温以及官道上的检查口、清扫口、通气管、室内外排水检查井的设置，穿越结构物套管的设置等，应符合设计要求及有关规定。当设计无规定时，应按现行国家标准《建筑给水排水及采暖工程施工质量验收规范》GB 50242的有关规定执行。

（2）排水立管采用塑料排水管时，应根据接口型式和穿越楼板、防火墙、管道井部位的材质确定是否需要设置伸缩节和阻火圈。

（3）室内排水管道的允许偏差及检验方法应根据材质要求，符合表6-2和表6-3的规定。

室内塑料排水管道安装的允许偏差及检验方法　　　　　　　　表6-2

项　　目		允许偏差(mm)	检验方法
坐标		0～15	用水准仪（水平尺）、直尺、拉线和尺量检查
标高		±15	
横管纵横方向弯曲	每1m	0～1.5	
立管的垂直度	全长（25m以上）	0～38	
	每1m	0～3	吊线和尺量检查
	全长（5m以上）	0～15	

室内金属排水管道安装的允许偏差及检验方法 表6-3

项 目		允许偏差(mm)	检 验 方 法
坐标		15	用水准仪(水平尺)、直尺、拉线和尺量检查
标高		±15	
横管纵横方向弯曲	每1m	≤1	
	全长(≥25m)	≤25	
立管垂直度	每1m	3	吊线和尺量检查
	全长≥5m	≤15	

第7章 建筑排水系统全寿命周期理念的维护管理

7.1 概述

建筑排水系统从设计、安装、运行、维护管理，直至完成使命，是一个完整的建筑排水系统在时间上经历的过程，其中运行和维护管理是建筑排水系统全寿命周期的全部内容。引入建筑排水系统的全寿命周期概念，是为了保持建筑排水系统尽可能长时间的以最高效率的工况运行下去。建筑排水系统犹如人体的机能系统，长期运行后必定会存在某些功能的衰退，甚至出现故障，因此，如何预防和减少在运行中可能出现的问题、解决已经出现的问题在建筑排水系统中是很重要的一块内容。具体来说，建筑排水系统全寿命周期包含两层含义，第一，建筑排水系统是存在这么一个全寿命周期的；第二，建筑排水系统的全寿命周期不是固定的，而是动态变化的。

为了长期维持建筑排水系统的性能和功能良好，需经常检查、清洗、维护，保持正常运转，但产期使用损耗等原因会造成卫生设备和配管性能下降，必须进行维护保养。建筑排水系统的清洗与维护是近年来国外新兴的重点研究课题，不仅是指居民日常生活中由于堵塞而采取的清通措施，而是发展为定期对排水设备、存水弯、管道等进行清理，保证建筑排水系统的通水能力；当建筑排水系统损坏时，用先进的维护技术替代常规的改造、翻建；从而延长排水系统的使用时间，可以节省大量的改建资金。因此，必须在设计中充分考虑适宜清洗的建筑排水系统，针对不同的维修问题，开发相应的维护技术。

建筑排水系统在使用过程中难免会出现腐蚀、老化等问题，轻则漏水、返臭、排水不畅，重则断裂、破损、无法使用。在我国，建筑排水系统一旦投入运行后，如果没有发生诸如渗漏、管道堵塞等问题，很少有人提到与建筑排水系统全寿命周期理念相似的观点或做法。为了维持设计时初期排水性能，必须重视建筑排水系统的养护，以及如何诊断建筑排水系统的性能是否下降及如何加强维护管理等，特别是建筑同层检修排水系统不仅重视前期设计的科学合理性、安装的正确性，同时也强调在全寿命周期内维护管理的重要性。

日本早在20年前就对管道的老化问题进行了深入研究，并颁布了相关诊断与维护的标准，目前已经形成设备系统性能诊断与维护的专门行业，对住宅的各类设备、建筑排水系统开展定期检测、清洗与维护，大大提高了设备系统的使用安全性和使用寿命。采用适当的排水系统维护技术是提高排水系统使用寿命的关键，这是当前我国相关技术研究与产品研发领域的空缺。本章主要讲述建筑排水管道的老化、诊断和清洗方法等内容，并针对我国住宅排水系统维护提出相关建议。

7.2 基于全寿命周期理念的维护

7.2.1 排水性能的诊断

建筑排水系统使用寿命相比建筑使用寿命要短得多，有计划地进行更新等修缮就显得很必要，同样的管道由于材质不同或设置场所不同，使用寿命也就不同，因此准确把握管道的性能降低程度，有针对性地进行维护保养是十分必要的。

以往由目测进行管道外观检查，根据需要切断部分管道测定管壁的剩余厚度，据此判定性能降低状况，从而制定更修计划。这种包括切断部分管道的破坏性检查，势必会造成住户暂时排水困难，影响日常生活。如今，随着管道诊断技术的飞跃发展，开发了在管道外就能诊断的非破坏检查方法，比如 X 射线检查、内窥镜（光纤、CCD 照相机）检查、自动或手动超声波仪厚度检查、涡流探伤检查、埋设环境调查等。

过去根据漏水痕迹和出现的具体事故来针对性的检查，属于事后维护，而建筑同层检修排水系统提倡动态周期的检查，侧重事故的预防。

建筑排水管道的使用年限与使用场合、排放的污废水水质、施工质量、管道材质和管道所处位置有关，确定建筑排水管道的使用寿命是非常困难的。根据国外经验，对于住宅排水系统的排水管道，共用部分（排水横干管和立管）的使用年限大概为 30 年，而住户专有部分（排水支管）是使用年限大概为 40 年；对于非住宅类建筑的排水管道，使用年限较住宅排水管道提高 15 年左右。

1. 排水管道老化现象及原因

建筑设备、管材和管件的主要老化现象有：①因腐蚀产生的铁锈水和漏水；②因水锈等产生的流量下降；③因材料变质、交变应力而产生的漏水等。主要原因有：①金属管道内局部电化学腐蚀；②连接材料的腐蚀及固体化；③户外塑料管道受日照、雨淋引起材料变质等。实际应用过程中发生这些排水管道老化现象的情况和原因很多，而且由多种原因造成的复合型老化实例也经常出现。

（1）生活废水管道老化实例

生活废水管道内存有未处理的高浓度油脂废水时，易发生短期堵塞，流动不畅。此外，如果长时间不进行处理，堆积物下部的管道容易被腐蚀。电焊钢管的沟状腐蚀是由于制作管道时，金属组织发生变化所导致的，腐蚀速率达到 1mm/a。收集到的生活废水管道的老化实例之一：某事务所厨房中敷设于顶棚内的横干管材料为 100ASGP 管（碳素钢管），使用时间为 18 年，老化状况为管内堆积着排水中所含的油脂物质，几乎被全部堵塞。

（2）污水管道老化实例

通常铸铁管（包括接头）的耐腐蚀性要高于其他管材。长时间使用后，直管、接头处会出现腐蚀造成穿孔现象，或因使用环境造成铸铁管发生石墨化腐蚀现象，都会使管道材料强度下降。另外，铸铁管在受到地震等外力作用时存在破裂缝的可能性。据统计，铸铁管的腐蚀速率一般是 0.2mm/a，比较缓慢。铸铁管腐蚀实例见图 7-1，为敷设于地板下面的污水横干管，材料为 100A 铸铁管，使用时间为 31 年，老化状况为管内受到腐蚀，管壁变薄，有的地方出现穿孔现象。

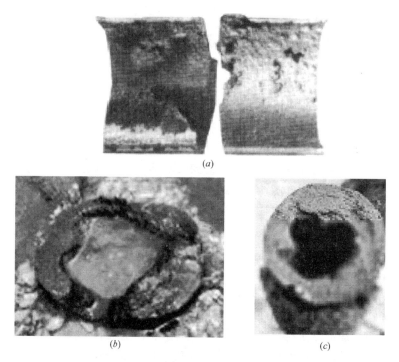

(a)

(b)　　　　　　　　　　　　　　　(c)

图 7-1　铸铁排水管道腐蚀实例

2. 管道老化的诊断

（1）诊断下作的研究过程及诊断标准

老化诊断作为日本建设省综合开发项目的一部分，从 1980 年起，利用 5 年的时间，开展了"提高建筑物耐久性的技术开发"研究，1985 年建设大臣官房技术调查室公布了其研究结果，包括管道老化诊断技术，制定了标准判断表。但是对于性能诊断没有公布系统保养的研究成果。

1985 年日本建设大臣官房官厅营缮部主编并公布了《官厅设施综合抗震规划标准》，其中包括管道抗震诊断、改建要领。1996 年日本建设省住宅局建筑指导科主编并公布了关于抗震诊断的《建筑设备、升降机抗震诊断标准及改建指针》，其中包括管道抗震标准。

诊断分为一次诊断、二次诊断、三次诊断三个阶段，一般是在一次诊断难以判定时进行二次诊断，二次诊断判定困难时进行三次诊断和阶段性诊断。但在实际工作中，多数要求一次诊断要得出基本结论，所以如果参照委托者的诊断目的仅一次诊断不能判定时，从开始就应将一次诊断到三次诊断的方法适当组合进行诊断。诊断标准分为"一般诊断"和"详细诊断"，其内容与一次诊断、二次诊断、三次诊断的对应关系如表 7-1 所示。

诊断标准和调查内容　　　　　　　　　　　　　　　表 7-1

诊断标准的分类	调查内容	诊断
一般诊断	问卷调查 问诊调查 外观目测调查	一次诊断
详细诊断	非破坏测量调查	二次诊断
	破坏调查	三次诊断

注：问诊调查是指对日常与设备有关的使用者、管理者、所有者等进行调查。

164

（2）诊断方法的种类

诊断种类分老化诊断、性能诊断、抗震诊断三种。老化诊断是诊断系统本身从建设至今的老化程度，从而推测今后发生何种变化。性能诊断是站在系统使用者的立场来评价设备性能和安全性。抗震诊断是评价系统是否能抵抗标准规定的地震强度。本文主要说明老化诊断，共有以下 7 种诊断方法，其中 1）是一般诊断，2）～7）是详细诊断。

1）外观目测诊断

目测诊断和评价管材、管件的外表面腐蚀状况。

2）超声波测厚仪测量调查

在管道设备运行时，通过从管材外面测量残存的管壁厚度判定老化程度。测量的管材适用于铜管和铸铁管。

3）内视镜测量调查

将内视镜的顶端部位插入管内观察垂直管和接头的内部情况，可适用于所有管材。其中在观察 SGP 管（碳素钢管）生锈和堵塞、VLP 管（塑料管）的衬料剥离和接头端部生锈、CUP 管（钢管）点腐蚀和侵蚀的情况方面特别有效。图 7-2 为内视镜。

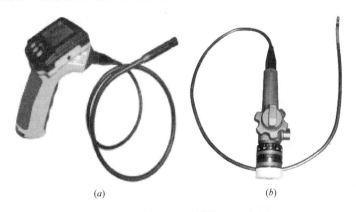

(a)　　　　　　　　　　(b)

图 7-2　内视镜

4）X 光测量调查

采用 X 射线观察管材内生锈、堵塞、衬料剥离等情况。测量方法是在管道的背后设置 X 光胶片，从正面照射 X 光。在除去残存管壁厚度的定量测试时，不需要避开保温隔热层。管道和照射设备的距离必须是 600mm。此外 X 光照射必须遵守国家相关规定的安全标准，应由有资格者进行操作，并且在摄影中半径 5m 以内禁止人员入内。图 7-3 为 X 光测量设备。

5）γ 线测量调查

该方法适用于测量管内的生锈情况和锈垢的厚度。根据情况也可以测量残存管壁厚，适用于有保温隔热层的管道。管内情况通过计算机处理，在显示器上可以显示管断面，同时也可以进行堵塞率的计算。γ 线测量设备的放射线量很微弱，因此并不需要实施者取得资格，也不必禁止人员入内。图 7-4 为 γ 线测量调查设备。

6）取样调查

提取切断部分管的样品，调查管内的状态。因为能够非常清楚地看见实际样品，所以该方法是最容易了解实际老化状况的方法。

图 7-3 X 光测量设备

7）其他

非破坏测量装置如监测摄影机（工业用电视摄影机）可观察管径较大的管内情况，涡流探伤仪器从管外或管内均可诊断腐蚀情况及是否有气孔等。

7.2.2 排水管清洗

在建筑排水管道中，排水中包含的油脂和毛发等附着并固化在管内，与设计时的管内断面积相比有所变化，断面缩小，直接影响到排水管道的通畅与否。

1. 常用清洗方法

建筑排水管道的清洗方法大体分为下列六种，这些方法也可以交叉使用。

1）用具有一定柔软和弹性的特殊钢制作的铁杆清除管内堵塞物。这种铁杆可以连接加长，其至可以清洗 30m 以内的异物，通过在铁干端头安装带钩或类似堵头形状的东西，通过在管内推拉，把异物推出或拉出。图 7-5 为特制清通杆。

图 7-4 γ 线测量调查设备

图 7-5 特制清通杆

2）用弹性的金属线。将弹性金属线装上适合现场状况的端头，深入管内旋转，取出异物，由于端部和金属线的振动旋转，达到使管壁附着物在外力作用下脱落的效果。由于金属线具有一定的可曲挠性，也可以对有弯曲的排水管进行清洗。此类清洗工具分为手动和电动两种方式。图 7-6 为弹性的金属线，图 7-7 为弹性的金属线使用示意。

3）压缩空气冲击波清洗。采用特制装置产生高压水气，对管壁附着物产生冲击，达到管壁附着物脱落和清洗的效果。图 7-8 为压缩空气冲击波清洗装置。

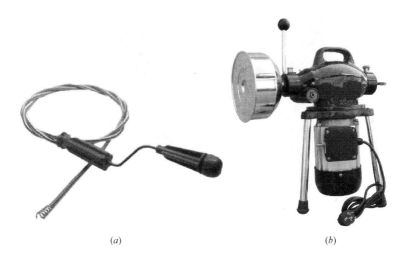

(a)　　　　　　　　　　　　　　(b)

图 7-6　弹性的金属线

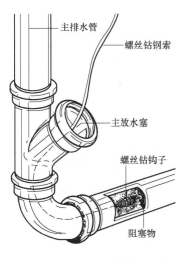

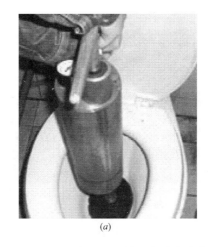

(a)　　　　　　(b)

图 7-7　弹性的金属线使用示意　　　　　图 7-8　压缩空气冲击波清洗装置

4) 高压冲洗机。由水龙前端喷射出口喷出高压水，喷射口借助推进力边前进边清洗管内污垢，日本住宅类建筑的排水管道较多采用此法清洗。按喷射方向可分为向前和向后喷射方式。向前喷射方式适用于清洗排水立管、向后喷射方式适用于排水横干管或排出管。图 7-9 为高压冲洗机。

5) 超声波清洗。利用超声波清洗机产生的具有超强去污功能的超声波，对管壁附着物进行清洗。图 7-10 为超声波清洗机。

6) 通过化学作用来将管内杂物洗净。将药品灌入排水口，溶解堵塞度和管内附着物，使其流出。但应注意选择符合用途的药品，并在使用后一定要用大量的水进行冲洗。

2. 管材对应的清洗方法

建筑排水管道清洗即建筑排水管道内定期采用恰当的方法进行清洗。不同管材应选择不同的清洗方法，为便于分析和比较，将高压冲洗法、金属丝法、压缩空气冲击波法和药剂冲洗法四种清洗方法及适应的管材进行了整理综合，详见表 7-2。

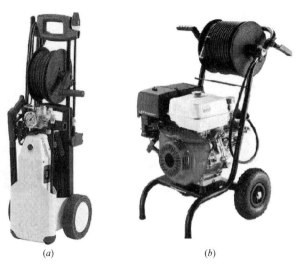

(a)   (b)

图 7-9　高压冲洗机

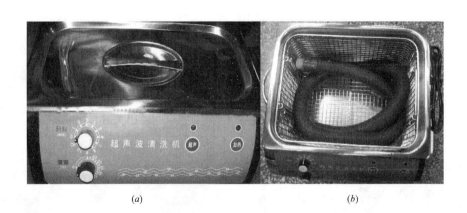

(a)   (b)

图 7-10　超声波清洗机

建筑排水管道清洗主要方法及适应管材　　　　　　　　　表 7-2

清洗方法	注 意 事 项	钢管、铸铁管	硬聚氯乙烯衬里钢管,涂防潮环氧层的钢管	硬聚氯乙烯衬里钢管,耐火双层管
高压冲洗方法	严重腐蚀和厚度减少位置的破损与漏水	√	√	×
	因为管端及螺栓的破损、穿透和垫圈变形、脱落而漏水	√	√	√
	弯头部分在冲洗管(特别是采用不锈钢钢制外表软管时)拔出时而产生磨损、破损	×	×	√
金属丝方法	严重腐蚀和厚度减少位置的破损与漏水	√	√	×
	在顶端使用刀具和专用产品时,注意长横管、多弯曲管的顶端应慢慢地旋转输送(防止因为顶端快速旋转而发生激烈冲击、破损、磨损等)	√	√	√

清洗方法	注 意 事 项	钢管、铸铁管	硬聚氯乙烯衬里钢管,涂防潮环氧层的钢管	硬聚氯乙烯衬里钢管,耐火双层管
金属丝方法	因为在弯曲部位(特别是器具在排水管下面连接处)下游方向的管道和接头的连接处的底部顶端冲击和刮伤而破损、漏水	√	√	√
	弯头部分在金属丝拔出时产生磨损、破损	×	×	√
压缩空气冲击波方法	严重腐蚀和厚度减少位置的破损与漏水	√	√	×
	因为连接强度不够而断开和松脱,垫圈变形、脱落而漏水	√	√	√
药剂冲洗方法	因为强酸、强碱药剂而造成管道、接头、金属等的氧化腐蚀	√	√	×
	禁止多种液体的混合(防止有害气体的产生)	√	√	√
	因为化学反应而产生异常发热及注入热水造成树脂的破损和变形	×	√	√

注：√表示适用，×表示不适用。

3. 清洗注意事项

建筑排水管道的清洗要选择适合现场情况的一种方法或几种方法并用，针对目前国内几乎采用铸铁排水管和硬聚氯乙烯塑料排水管作为建筑排水系统的管材，因此，简单说明两种不同材质的排水管进行清洗时应注意的事项。

铸铁排水管由于材质坚硬，任何清洗工具都可以在管内推动，可以采用铁干或弹性金属线进行清洗，为了使剥落铁锈不滞留于管内，还要用大量的水冲洗。硬聚氯乙烯塑料排水管由于内壁光滑，污染一般较轻，可采用高压水冲洗等，注意使用电动金属丝方法容易造成硬聚氯乙烯塑料排水管破裂。

由于建筑同层检修排水系统立管上设有特殊管件，如加强型旋流器、导流连体地漏等，因此，在清洗时应特别注意对特殊管件的保护，尤其是内置导流叶片的保护，导流叶片本身涂有防腐涂料，但长期在酸碱污废水冲刷下，难免会有防腐性能下降的情况存在，而导流叶片的形状直接关系到立管的通水能力，因此在进行立管清洗时，应注意旋转刀具对导流叶片可能会造成的伤害，应注意不使用对铸铁产生副作用的化学药剂进行清洗，可采用端头带软布的长干法进行清洗。

4. 清洗步骤

对清洗住宅类建筑排水管道较多使用的高压冲洗和弹性金属线清洗两种方法的清洗步骤进行举例说明。图7-11为建筑同层检修排水系统高压清洗顺序示意。

1) 排水出户管和排水立管清洗

进行专有部分排水管道清洗时，必须事先把共用部分的排水横干管和排水立管进行清洗完毕之后进行，这是为了防止从专有部分清除的微粒等堵塞共用部分的排水管道。

① 由室外检查口引进喷水龙头，以高压冲洗方式清洗排水横干管，但由于配管状况不同，有的可以将冲水龙头进入排水立管继续冲洗，如不能达到清洗位置，可从一层检查

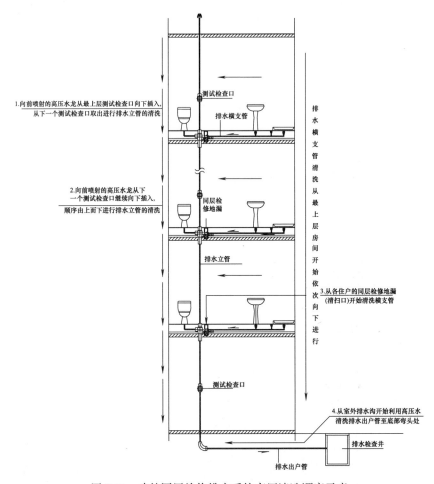

图 7-11　建筑同层检修排水系统高压清洗顺序示意

口通过引线使室外检查井与高压龙头连接，一边冲洗一边向上拉动。

② 排水立管的清洗顺，是从上层检查口放入高压冲洗软管，将冲洗龙头降至根部，边向上提边向前喷射冲洗；将软管向上拉动冲洗时，应防止通过连接管时器具的封水溅出，因此只用向前喷射龙头。

2）排水横支管清洗

① 从各住户洗涤池或浴室排水口（对于建筑同层检修排水系统，可从同层检修地漏地面排水口）插入直径 4～6mm 的高压软管，直到排水横支管冲洗干净为止。

② 用弹性金属线清洗时，在线端安装与管径相适应的端头，从排水口导入，逐步清洗，长度可达一层楼，可以重复操作直至清洗完毕。

3）注意事项（以高压清洗为例）

① 清洗作业前需了解管道的基本情况，清管前必须对管道长度、壁厚、结垢厚度等参数作详细的了解，以确定需要清理的管段；

② 高压清洗机操作人员需要对管道的结构、安装方式及空间位置加以了解，以便掌握清理管道和处理意外事故的难易程度；

③ 在排水管道清洗作业时清洗顺序要遵循先上部后下部，先立管后横管的清洗步骤，

这样做的好处是方便积渣的排出；

④ 清洗前，应仔细检查喷嘴是否有堵塞现象，如果发现堵塞要及时进行处理；

⑤ 每次清洗时，要将喷头放入管内大约 30cm 处，然后将喷头加压使其进入管道中，当清洗完成后要将喷头从管道中拉出时，应将高压泵压力调至零，以免喷头形成水龙甩动伤害操作人员。

5. 清洗周期

排水横干管、立管和横支管若附着细微颗粒，会缩小有效断面面积，产生多种故障，并引起排水逆流和异常声音。特别是洗涤盆单独接到排水横管时，微粒从两端附着，形成拱状，仅在管底形成细水流。此外，排水立管内表面附着的细微颗粒逐渐加大形成污垢后，只在中心留下细水流，因此容易造成排水不畅或堵塞，此时使用人员应与物业或管理部门协商进行所有排水管的清洗。图 7-12 为铸铁排水管污垢附着清洗前后对比。

图 7-12 铸铁排水管污垢附着清洗前后对比

(a) 清洗前；(b) 清洗后

对于高层住宅和建筑标准高的场所，自建筑排水系统投入运行起就应制定清洗计划，特别是对于住宅，有计划的定期清洗是非常重要的，表 7-3 列出了排水管的经验清洗周期，可供参考。

排水管清洗的大致周期 表 7-3

管　别		共用管道（立管和横干管）		专有管道（横支管）	
		铸铁管	硬聚氯乙烯管	铸铁管	硬聚氯乙烯管
杂排水管	洗涤盆单独配管	1a	1～2a	1a	2a
	浴室或浴盆排水	—	—	1～2a	2～3a
	洗脸盆排水	—	—	3～4a	4～5a
卫生间污废水合流管		—	4～5a	—	—
卫生间污水单独配管		—	—	—	—

7.2.3　排水系统密封性能的检定

建筑排水系统的密封性能的好坏不仅影响到管道是否渗漏，还存在长期污染室内空气环境的可能，因此，即使管道没有渗漏水，也有必要对建筑排水系统的密封性能进行定期的检定。检定的方法可参照本书第 6 章有关内容。

目前，对建筑排水系统在这方面的最高要求为暗装或隐蔽管道需要进行灌水试验，排水立管要进行通球试验，排水横管进行盛水试验，并没有气密性测试的要求。排水立管会漏水必定会漏气，但漏气却不一定会漏水。

7.2.4　建筑同层检修排水系统的维护

建筑同层检修排水系统应定期养护，使其保持良好的工作状态。

应定期对同层检修地漏内套、水封盒内套和导流连体地漏内套进行清洗，以保持系统排水最佳效果，内套清洗完毕后，应确保其安装方向正确。

建筑同层检修排水系统的日常检查和保养宜包括：

（1）检查卫生器具是否安装牢固；

（2）检查污、废水可以排放到排水立管中，确保排水管道不淤堵；

（3）应对排水横支管进行定期的功能和状态检查，及时清除管道中的淤堵杂质。

建筑同层检修排水系统应保证可以随时方便地进行维护和管理维护记录。

系统测试检查口在任何时候均应保持水密性和气密性。定期检查确保垫圈密封严密，固定螺丝和螺栓的结合紧密，系统测试检查口螺丝和检查口的结合紧密，卫生器具排水管与器具连接器的结合应具有足够强度。

当疏通排水横管时，可通过同层检修地漏、水封盒或器具连接器进行。

长期无人使用卫生间、厨房和阳台建筑排水系统，应将同层检修地漏和导流连体地漏用配套的密封盖子或其他装置密闭。

7.3 建筑排水系统的管理与建议

建筑排水系统的维护管理原则是保持建筑排水管道和设备性能的重要手段。维护管理的方法有"预防保护"和"事后保护"，现在主要采取"预防保护"。

"预防保护"是通过在日常诊断和定期诊断过程中掌握现状，根据早期了解的老化前兆，进行有计划的处理，达到防患于未然的目的。"事后保护"是在发生故障之后进行清洗和维修、重建的保护方法。建筑排水系统一旦发生事故，建筑排水系统进行修复需要一段时间和较多的资金。因此从维修保护建筑排水系统管道的角度出发，重点是实施"预防保护"。图7-13为维修保护工作和诊断分类。

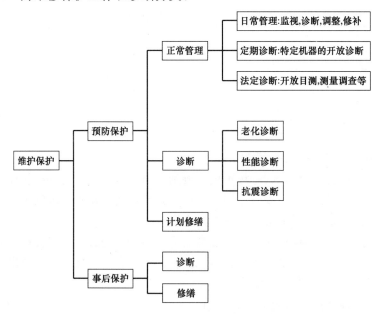

图7-13 维修保护工作和诊断分类

建筑排水系统的管理主要针对公共部分的管道，现在基本交由小区或大楼物业进行管理，主要应注意以下几点：

（1）定期对排水管道进行养护、清通。

（2）教育住户不要把杂物投入下水道，以防堵塞。下水道发生堵塞时应及时清通。

（3）定期检查排水管道是否有生锈、渗漏等现象，发现隐患应及时处理。

（4）对养护、清通、检查的时间和内容进行存档记录，特别是对多次发生问题的地方应加强检查。

建筑排水管道堵塞会造成流水不畅，排泄不通，严重的会在地漏、水池等处漫溢外淌。造成堵塞的原因多为使用不当所致，例如有大块硬杂物进入管道，停滞在排水管道中部、拐弯处或末端，或在管道施工过程中将砖块、木块、砂浆等遗弃在管道中。修理时，可根据具体情况判断堵塞物的位置，在靠近的检查口、清扫口、同层检修地漏、屋顶通气管等处，采用人工或机械疏通。

国外对建筑排水系统日常维护技术的关注程度远远超过国内，目前，国内对于建筑排水系统仅重视维修，忽视了维护，只是在发生事故之后才会采取检修与修补措施，仍停留在"事后保护"阶段，同时对于建筑排水系统的"预防保护"缺乏研究和具体制度。

国内清通工具种类单一，多为硬质的工具和疏通机，在清通塑料排水管道时，经常出现将管道打漏的现象。近年来，由于排水管道堵塞的问题日渐严重，各类清通药剂应运而生，有一些确实对户内支管的清通起到了积极的作用，但是缺乏统一的性能评定标准、使用指南（不同部位排水管道堵塞物质的化学成分不同，应采用对应的药剂），使得住户难以正确选择。对建筑排水系统进行定期的预防保护，不仅可以提高建筑排水系统的排水性能，而且可以延长建筑排水系统的使用寿命，是节省管材、降低管材生产能耗的有效手段，为促进我国开展住宅排水系统维护工作，建议加强一下几个方面工作：

（1）呼吁相关部门开展关于建筑排水系统老化、腐蚀问题的研究，针对我国生活污水的成分、建筑排水系统使用特点，制定专门的建筑排水系统维护标准；

（2）研发新型的清洗工具，制定疏通药剂的检测标准、使用指南，提高处理事故的可靠性；

（3）由住户自主选择卫生洁具及器具排水管的商品住宅，在住户自行安装器具及其排水管时，物业部门应给予技术指导和咨询服务，选择便于管道维护、带有清扫口的水封装置和检查口等。

第8章 建筑同层检修排水系统应用拓展

8.1 概述

在全面开展建设小康社会的今天，伴随着高层建筑大量涌现，人们对居住环境的要求也逐渐提高，其中建筑室内的排水系统的质量，不仅关系到人民的生活、工作，还直接影响到人民群众生命、财产的安全，而且对建筑物使用寿命也有很大影响。在已取得的研究成果基础上，进一步开发高安全性、高可靠性的建筑同层检修排水系统，加强对其的改进和研究是十分必要的。

纵观国内建筑排水系统的发展历史，虽然取得了长足的进步，但与发达国家相比，在基础课题研究方面仍存在相当的差距。在排水系统方面的差距表现为排水立管的流态研究、排水通气系统的研究、水封的可靠性研究、排水设计秒流量的计算方法研究、高层建筑排水立管抗震和抗风荷载的研究等。正是由于这些差距，导致提升国内排水系统技术的设备更新、产品改进缺少科学依据。目前，国内在建筑排水系统领域发展较快的当数卫生设备，随着人们生活水平的提高，新品种和新功能的卫生设备源源推向市场，而侧重于从卫生设备排水口至室外排水检查井的建筑排水管道系统却研究较少。建筑排水系统是不断向前发展的，鉴于我国建筑排水系统的发展历程，国内又缺乏专门的建筑排水系统基础理论研究机构，建筑排水系统在以后仍将需要长足的发展，尤其是本书介绍的建筑同层检修排水系统作为其中一类可拓展性强、可研究范围广的建筑排水系统，相信建筑同层检修排水系统的研究与发展，将带领并促进国内对建筑排水系统各领域的进一步深化研究。

建筑排水是一门应用科学，它的发展是受基础学科的发展所制约的，建筑排水系统的水平直接反映了一栋建筑、一座城市、一个国家在该领域的发展水平，也直接反映了人们生活水平。建筑排水系统对更好地实现建筑功能和人类健康生活具有举足轻重的作用。在当前市场经济的大环境中，建筑排水系统不仅要完成其本身固有的基本功能，还要不断进行拓展深化，向人们提供舒适、卫生、安全的生活和生产环境，其服务内容和功能在原有的基础上有较大的拓展和变化。

任何一个系统，在不断完善自身的同时，也要注重系统的拓展，这才能是一个有生命力的系统。本章即对建筑同层检修排水系统的横向和纵向拓展点进行归纳，并简单描述了建筑同层检修排水系统的应用前景。

8.2 建筑同层检修排水系统的拓展

建筑同层检修排水系统代表的不仅是新开发的建筑排水系统，更代表了建筑排水系统的一种理念，建筑同层检修排水系统需要不断拓展使其进一步完善。本节重点针对建筑同层检修排水系统本身的拓展展开，主要内容为结合国内的实际情况进行建筑同层检修排水系统的拓展延伸，包括以下几方面。

8.2.1 卫生间中水回用与同层排水相结合

卫生间中水回用与同层排水相结合，实现废水的资源化利用，即建筑中水回用。中水是指建筑中的生活污水和生活废水经过处理后，达到规定的水质标准，可用于生活、市政等杂用水。

我国建筑排水中生活废水所占比例住宅约占 69%，宾馆饭店约占 87%，办公楼约占 40%，如果将这一部分废水收集、处理后代替自来水用做冲厕、绿化浇灌、冲洗车辆等，则可为国家节约大量的水资源。通过开发排水节水模块装置，贮存洗衣机、浴盆、洗手盆等卫生器具的优质杂排水，在收水地漏上安装过滤网、水箱中定期投放固体消毒块，对回用水进行过滤和消毒后，由微型水泵注入大便器冲洗水箱用于便器冲洗，通过自动控制系统实现自动补水。卫生间排水横支管采用污水、废水分流，废水进入家用中水贮水箱，贮水箱中多余废水及久存废水通过自动溢流阀和排空自洁阀直接排入排水立管，从而实现"同层排水、污废水分流排放、废水回收利用"的目标，图 8-1 为建筑同层检修排水家庭中水回用示意，图 8-2 为家用中水装置。

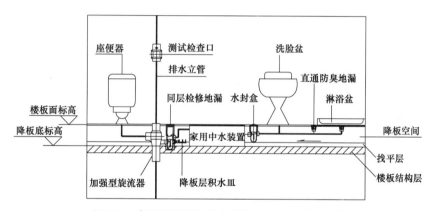

图 8-1　建筑同层检修排水系统家庭中水回用示意

洗脸盆、洗衣机、浴盆、地漏等排水经过同层检修地漏后进入储水箱，通过另一侧溢流管接入排水立管（保证进出水口存在一定高差），大便器排水单独接入排水立管，在储水箱底部设有放空管，并在放空管段设有电磁阀（或采用其他可靠的阀门），电磁阀信号和微型潜水泵启闭信号接入控制面板，通过设定自动排空周期实现自动放空清洗，潜水泵启闭信号由大便器冲洗水箱水位给出，同层检修地漏兼作药剂投放口，在储水箱底部设可调节支撑底座，必要时也可以增设液位显示装置。

现有的建筑同层检修排水系统已实现了卫生间污废水分流排放，因此，对

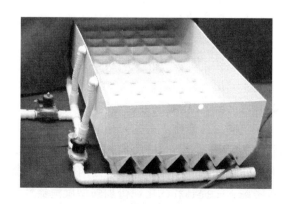

图 8-2　家用中水装置

175

废水回收利用的研究是建筑同层检修排水系统的拓展点之一，建筑中水回用将是今后建筑排水的必然趋势，相信以家庭为单位的建筑中水回用系统将得到普及，这对缺水地区具有重要的经济效益、环境效益和社会效益。

8.2.2 开发卫生间不降板同层排水系统

卫生间不降板同层排水系统的开发，这里所指的不降板同层排水不是排水管道夹墙敷设方式。国内同层排水使用较为广泛的有中国模式的降板同层排水和欧洲模式的不降板同层排水（夹墙敷设方式），但欧洲模式的不降板同层排水造价高，卫生器具的布置受到一定条件的限制，因此如何取长补短，重点还是地漏设置的问题。在已有的应用于厨房和阳台的导流连体地漏的基础上，开发应用于卫生间的不降板同层排水地漏是建筑同层检修排水系统的重要拓展点之一。

现导流连体地漏经过改进后，将适用于不降板同层排水，如图 8-3 所示。

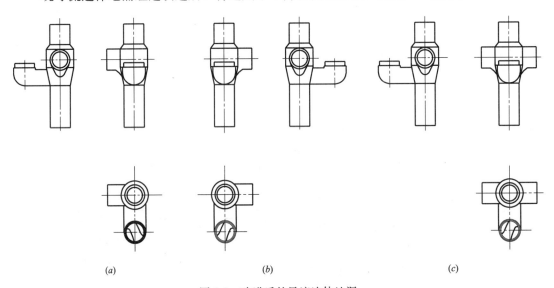

(a)   *(b)*   *(c)*

图 8-3 改进后的导流连体地漏

8.2.3 提高降板同层排水时积水排除的可靠性

卫生间同层检修地漏应用于降板同层排水时积水排出可靠性的提升。同层检修地漏应用于卫生间降板同层排水时，积水排除的可靠性的提升仍有研究空间，主要是考虑到积水收集皿在长期使用和其所处环境的影响，容易产生生物膜附着在皿表面，会增加进水阻力甚至难以进水，是否可以采用地漏前端的负压来产生一定的抽吸（自虹吸）来保持皿表面进水孔的畅通，是否可以采用喷塑膜形或塑料排水板成一个类似不透水箱体以确保渗漏水完全进入同层检修地漏。

8.2.4 提升加强型旋流器的性能

建筑同层检修排水系统采用的加强型旋流器外形构造和内部导流叶片的数量、位置、形状、角度等因素都直接影响着其用于排水时的性能，如何进一步在控制成本的基础上提升和优化加强型旋流器性能也是建筑同层检修排水系统的拓展方向之一。主要从两个方面加以考虑：①提升和优化现行加强型旋流器性能，在保证原有性能优势的基础上，使之小型化、轻量化和高效化等；②开发性能可靠其他材质的加强型旋流器，如开发可靠性好的塑料材质加强型旋流器，鉴于现在塑料管在国内使用的区域性较为明显，并且现有塑料材质的加强型旋流器存在强度可靠性的问题，在有可能的情况下，如何改进和开发塑料材质加强型旋流器仍可作为拓展点之一。目前，国内已开发出来的塑料材质加强型旋流器由于结构和模具上的问题，无法一次整体注塑成型，由多个部分在后续组合粘结而成，但高层和超高层的排水动能大，长期冲击有可能导致接口漏水，甚至松动的现象。排水要求高、排水系统要求抗震性能好的建筑和超过 50m 的建筑，使用高性能的铸铁材质加强旋流器；但使用要求较低的建筑和采用特殊单立管排水系统的小高层建筑，可采用可靠性好的塑料材质加强型旋流器。

8.2.5　开展特殊单立管排水系统在公共建筑中应用的研究

到目前为止，所有的特殊单立管排水系统仅适用于住宅、公寓、宾馆、养老院和病房楼等建筑，即较适宜用于每个楼层排水横支管管径不大于 DN100 的场所（如仅设一个坐便器、洗脸盆、浴盆等卫生器具及家用洗衣机的小卫生间），而不宜用于多厕位卫生间公共建筑场所。根据公共建筑卫生间（多厕位）的特点，开发使用于公共建筑的特殊单立管排水系统也是建筑同层检修排水系统的拓展方向之一。与双立管、三立管排水系统相比，加强型旋流器特殊单立管排水系统只有一根立管，可大量节省卫生间或管道井（管窿）面积，开展特殊单立管排水系统在公共建筑中应用的研究和开发适用于公共建筑的特殊单立管排水系统具有现实意义。图 8-4 为管位布置比较。

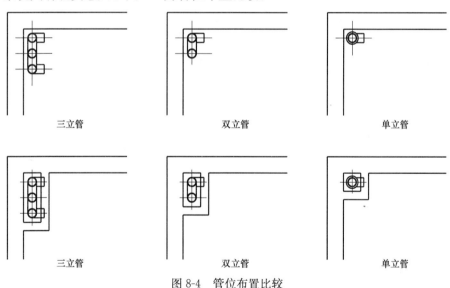

图 8-4　管位布置比较

8.2.6　开发公共卫生间同层检修排水系统

由于公共卫生间存在使用人员多和卫生器具多的情况，开发适应公共卫生间使用的同层检修地漏就显得很有必要。目前的情况是，公共卫生间内的空气质量普遍偏差，一方面是由于管道排水的通畅性造成，管道的存水弯或转弯处由于堵塞有异物，导致排水缓慢，臭气散发的时间长，另一方面，由于排水横支管的水封容易被破坏造成，公共卫生间的排水横支管长，一般都采用污废水合流排放，设置在末端的地漏或洗脸盆等水封容易受前端蹲便器等瞬间排水量大的卫生器具的影响，压力的瞬间大幅波动容易造成水封破坏，直接导致臭气进入公共卫生间内。

目前，大量公共建筑如办公楼也已实现产权私有化，同样存在公共卫生间同层排水同层检修的需要，借鉴现有建筑同层检修排水系统中的主要配件同层检修地漏的研发成果和使用经验，开发出适应公共卫生间使用的同层检修地漏是建筑同层检修排水系统走向公共建筑的关键性问题。

8.2.7 开展建筑同层检修排水系统在既有建筑改造中应用的研究

既有建筑卫生间、厨房、阳台污废水排水系统改造是今后既有建筑改造的一项重要工作，一方面需要更新既有建筑卫生间、厨房、阳台污废水排水系统，另一方面需要提升建筑的节能、节地、节水、节材和环境保护的性能，建筑同层检修排水系统符合这些要求，通过改造提升既有建筑排水系统的性能。

目前，既有建筑排水系统由于产权关系问题，全部更新改造难度较大，对既有建筑排水系统存在着缺陷和问题，利用建筑同层检修排水系统的研究成果，通过局部改造和修理等措施，提升既有建筑排水系统的性能，提高既有建筑排水系统可靠性和安全性。

8.2.8 进一步提升建筑排水系统安全性、可靠性、舒适性

在已有建筑同层检修排水系统研究的平台上，开发出使用更安全，更可靠、更舒适的建筑同层检修排水系统是今后一项重要任务，深入研究水封主动补水技术措施，排水横支管、横干管、出户管通气与通气方式，建筑排水系统与室内环境关系等，通过这些研究，进一步提升建筑排水系统安全性、可靠性、舒适性。

8.2.9 扩展水封盒的功能

厨房可能产生的大块杂物需要粉碎，厨房是建筑排水系统中废水成分比较特殊的场所，经常性的存在将菜叶、碎骨、布片落入排水管道的情况，一旦堵塞，进行检修时臭气外溢不卫生，因此，考虑在洗涤盆下方设置粉碎机，不过粉碎机的体积、噪声、功率是重点，由于粉碎机在运行前需要将垃圾浸泡，运行过程中也需要不断补充水，运行结束后还需要一段较长的放水时间，需要消耗较多的水，因此，从节水角度出发可以考虑设置专门用于粉碎机使用的储水装置。

在日本，厨房采用粉碎机已得到使用，结合国内人们的生活习惯，对水封盒的结构进行改造，内置微型电动机，配置不锈钢刀片，并注意电线的防水处理。图8-5为多功能水封盒示意。

8.2.10 同层检修地漏盖子开闭合的人性化设计

同层检修地漏盖子打开或闭合的人性化设计。针对较少地面排水的地漏，开发直接通过脚踩来启闭地漏盖子的地漏，如在地漏盖子上端设置一个稍微高出盖子的一个类似按钮的装置，按键向下并松开后，盖子自动打开一定角度，不需要时，再将盖子闭合，解放使用者的双手，如图8-6所示。

8.2.11 开发建筑排水系统测试仪的软硬件

建筑排水系统测试仪的软件开发（智能分析）。通过直接对测试数据进行内在分析直接显示结果，建立压力损失值与漏气量和漏水量之间的判定准则，绘制压力—时间变化曲线，尽可能地提高测试精度。卫生间内的空气质量往往直接关系到整个室内的空气质量，因此，做好防止建筑排水系统内有毒有害气体进入室内的前置工作和后续的卫生安全检测工作是很有必要的，重点应监测硫化氢、氨类气体，若超标应及时找出问题所在并采取解决措施。

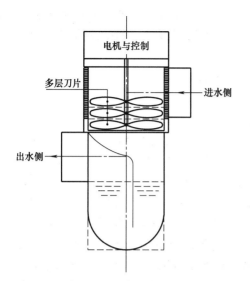

图 8-5　多功能水封盒示意　　　　　　图 8-6　非手动地漏盖示意

8.2.12　开发新型建筑排水系统养护技术和工具

适合国内污废水水质和管材材质的建筑排水系统养护技术和工具。目前，国内对建筑排水系统的养护并没有提升到足够的阶段，一般都是在出现事故后才采取着手解决，属于事后解决，而建筑排水系统养护的目的就是要达到预防事故的发生并延长建筑排水系统的使用寿命和保证其一直以最高效率的状态运行，因此，借鉴国外经验并且结合国内实际情况，制定一套科学合理的养护标准和开发适合国内使用的养护工具（排水管道清洁化学药剂、管道漏水检测设备、管道漏水修复技术和材料），不论是针对建筑排水系统还是建筑同层检修排水系统都是有必要的。同时通过定期监测卫生间内某些特定气体（如氨气、硫化氢等）含量来评估建筑排水系统的安全性。

8.2.13　工厂化预制式装配式建筑同层检修排水系统

工厂化装配式的建筑同层检修排水系统研究和实际操作。预制式装配住宅的建筑排水系统设计，最重要的工作是将施工阶段的问题提前至设计阶段解决，将设计模式由"设计→现场施工→提出更改→设计变更→现场施工"这种往复的模式，转变为"设计→工厂加工→现场施工"的新型模式。预埋套管、预埋管件、管卡、管道支吊架等均需在工厂加工完毕。改变传统现场施工方式，采用工厂化加工、现场装配式施工生产方式的技术，不仅可以提高施工效率，而且更能保证系统的标准化和性能化。

8.2.14　建筑同层检修排水系统模型研究

建筑同层检修排水系统内部水气流动模型的建立和分析物理参数（流速、压力、流量、水封波动、噪声、水跃等），作为深化建筑同层检修排水系统的基础研究。建筑排水系统的设计依据是最大使用限度理念，该理念由概率论和恒定流理论发展而来，这种基于恒定流理论的现有方法，并不适应于千变万化的排水立管流态、瞬态压强传播机理、系统内气体运动模式等，对建筑排水系统内部非恒定水流运动情况的详细分析将逐渐取代原来的水力学方程和模型。

8.2.15　完善建筑排水系统研究试验平台

建立并完善建筑同层检修排水系统进行基础理论研究的试验平台，类似于一个专业的建筑排水系统实验室的概念，平台内容大概分为以下几大内容：不同排水立管系统的气压波动情况、水封的综合性能测试、同层排水水力条件及性能测试及其他尚未预见的内容。

8.3 建筑同层检修排水系统应用展望

8.3.1 建筑同层检修排水系统应用展望

建筑给水排水设计规范几经修订，从通气系统不同设置条件下的立管最大排水能力的调整到特殊单立管排水系统的推广应用，从使用钟罩式地漏到禁止使用钟罩式地漏并推荐使用具有防涸功能的新型地漏，从卫生间异层排水到同层排水，见证了建筑排水系统发展的大方向，即实现建筑排水系统的节水、节能、节材、节地和卫生环保，朝着独立、完整、自由、节省、健康的方向发展，尤其是近年来发展较快的特殊单立管排水技术填补了国内自主开发特殊单立管排水系统的空白。建筑同层检修排水系统的开发就是基于建筑排水系统的发展大方向上进行的，建筑同层检修排水系统虽然已广泛应用于工程实践中，但随着建筑同层检修排水系统研究的拓展和应用，将有望成为未来建筑排水系统发展的一种趋势。

建筑同层检修排水系统应用于旧建筑排水系统的改造。由于国内尚未重视对建筑排水系统的平时维护和保养，导致旧建筑的一些排水系统经常出现排水系统噪声大、排水器具返臭气、漏水、排水不畅等诸多问题，也存在建筑排水系统的使用寿命短于建筑使用寿命的情况，因此，对不合理的、亟待改善的建筑排水系统进行改造，以及如何改造也是建筑同层检修排水系统应用的拓展点之一。

总的来说，建筑同层检修排水系统的应用目标定位为从住宅到公共建筑、从国内到国外。建筑同层检修排水系统的应用展望建立在不断完善的建筑同层检修排水系统本身的基础上，只有开发出性能更加完善的建筑同层检修排水系统，才能更好地将其推向市场、走出国门。目前为止，建筑同层检修排水系统在硬件上不尽完善，相信随着该学科的不断发展和建筑同层检修排水系统在工程应用中积累的经验，该系统能不断得到改进，应用范围也将不断扩大。

建筑同层检修排水系统的根本在于强调系统的卫生安全性，或者说强调水封的重要性，本书即将进入尾声之际，不妨看看美国对于水封的要求和做法，再返回来思考建筑同层检修排水系统，将更能体会到建筑同层检修排水系统一再强调的水封是多么的重要，通过以下内容，我们更坚信建筑同层检修排水系统应用前途将一片光明。

8.3.2 美国对水封装置要求的启示

美国各地建筑给水排水设计规范水封装置一般被称为存水弯，其使用的多为"P"形存水弯，存水弯的管径大小有着明确规定，从 1～1/2 英寸到 3 英寸或 4 英寸不等。拖布池或污水池的存水弯有 2 英寸与 3 英寸之分。大便器本身有存水弯，排出口一般使用 4 英寸管道。当大便器只有一两个时，有的规范允许使用管件可以缩小为 3 英寸排出。图 8-7 为美国常用的几种存水弯形式，其中（a）为常见的大便器整体存水弯，（b）为常见的用于盥洗池等卫生设备的存水弯，（c）为以铸铁等材料的存水弯，用水诸如地漏等系统附件或卫生器具，（d）为带座的立式 P 形存水弯，常用于污水池。

如果卫生器具已经有整体存水弯，那么就不得在加一个，这与我们国家的规范要求"卫生器具排水管段上不得重复设置水封"是一致的。存水弯必须至少有 2 英寸

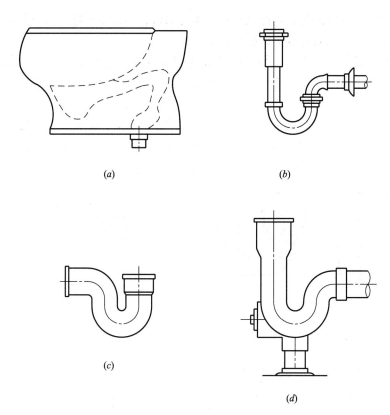

图 8-7 美国常用存水弯

（50.8mm）深的水封。此一数值是根据通气管系统的设计标准再加上一定的安全系数确定的。水封深 4 英寸（101.6mm）称为深水封存水弯，用来补偿水封的蒸发损失，图 8-8 为存水弯示意。图中存水弯转弯与水平管连接处称为存水弯冠，此处禁止设置通气管。

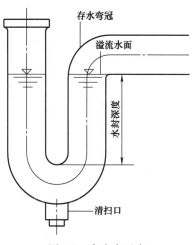

图 8-8 存水弯示意

如果卫生器具可能因为长时间不用而造成存水弯中的水封蒸发，例如设在厕所和机器间等处的地漏，那么就必须设注水器来充水。有的地方当局允许使用深水封的存水弯而免去使用注水器。一般的注水器利用卫生器具，如盥洗池等的水嘴开启与关闭，引起的压力变化来自动充水，属于水力型。对于长期无人使用的卫生器具，例如学校放假期间，那么普通的水力型注水器也无能为力，必须使用自动控制的电磁阀型注水器。

几个卫生器具可以共用一个存水弯，但是前提是，如果是池子，其中任何一个池子不得比其他池子低 6 英寸（152mm）以上，而且排水口之间的距离不得大于 30 英寸（762mm）。池子排水出口到存水弯溢流水面的距离不得大于 24 英寸（610mm）。如果距离太大，排出水的冲力容易破坏水封。除了距离方面的限制以外，规范也对主要卫生器具存水弯的尺寸做出具体的规定，并且规定存水弯的管径不得小于排水出口管的管径。

以上各种规定，主要是基于保护水封的需要。

美国各地建筑给水排水规范皆明确禁止使用几种类型的存水弯，主要有六类，见图8-9，很不巧，我们国家大范围使用"S"形存水弯后赫然在列，我们明令禁止使用的钟罩式地漏也在其中。

（1）有移动部件的存水弯［图8-9（a）］。利用机械部件来保护水封是不充分的，遇到有腐蚀性的污水时，这种存水弯还可能被腐蚀而失去效用，或加剧堵塞。

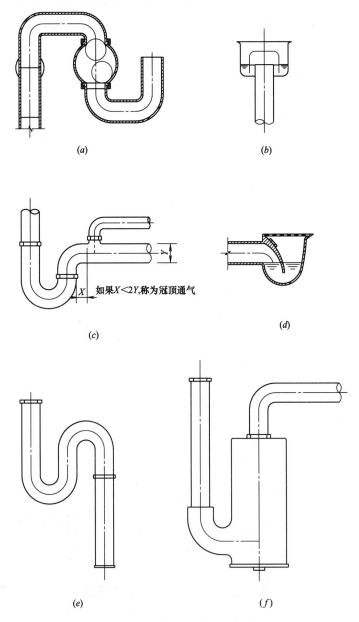

图 8-9　美国禁止使用存水弯

（a）球形存水弯（带移动部件）；（b）钟罩式存水弯；（c）冠顶通气的存水弯；（d）内分隔式存水弯；
（e）管型的"S"形存水弯；（f）圆筒形存水弯

（2）钟罩式存水弯［图 8-9（b）］。这种存水弯一般不能提供足够的水封深度和有效地保护水封。水封容易蒸发，钟罩处容易堵塞。

（3）冠顶通气存水弯［图 8-9（c）］。离水流紊动区太近，不利通气。

（4）内分隔式存水弯［图 8-9（d）］。这种存水弯起作用的主要部分是看不见的，如果它被腐蚀或遭到机械损坏，则失去作用。另外，造价较高，内部也容易堵塞。如果是卫生器具自带的存水弯，则其材料必须是玻璃、磁或塑料的。似乎这些不足以构成限制内分隔型存水弯使用的理由，列入禁止使用之列太过牵强。

（5）管型的"S"形存水弯［图 8-9（e）］。管型的"S"形存水弯中水流是垂直向下的，与重力的方向一致，故水流容易加速而发生虹吸，带走存水弯中的水，因而丧失水封的作用。而且，这种存水弯很难用通气管来保护水封。还有一种袋形的存水弯，很少见。

（6）圆筒形存水弯［图 8-9（f）］。圆筒形存水弯通常用于浴缸类卫生器具，容易滞留毛发，引发堵塞或排水不畅。

最后，再简单的提一下美国关于建筑物水封的内容，在美国几种主要建筑给水排水规范都不主张甚至禁止设置建筑物水封，如国际室内给水排水规范（简称 IPC）是主张禁止设置的。但是有些地方当局规定必须设置。

主张设置建筑物水封者的主要理由是：当室内排水系统接入室外排水系统后，前者的通气立管就成了后者的通气管。室外排水系统中除了臭气之外，还有厌氧发酵形成的甲烷和含油污水释放的可燃性气体，酸性污水释放的腐蚀性气体等。高压煤气管或天然气管道和地下汽油贮罐的泄漏，都可能使可燃气体进入室内排水系统中。设置建筑物水封可以阻挡这些气体进入室内排水系统中。这样，它就成了室内卫生器具水封后备的防护措施，构成第二道保护屏障。图 8-10 为典型的建筑物水封装置。

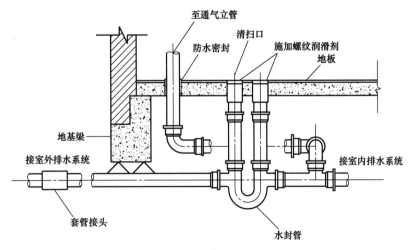

图 8-10　典型的建筑物水封装置

从美国对于一个小小水封的规定要求如此之多之细，可见，我们对于建筑排水系统的认识和发展现状还存在很大的差距，不能以国情和经济发展水平等为借口，这些关乎民生的问题就需要我们充分重视。通过深入了解建筑排水系统的方方面面才能真正看到我们存在的不足之处，建筑同层检修排水系统的开发应用也是为此做的努力和贡献，希望改变人们对于建筑排水系统的某些不全面、不客观、甚至错误的认识。

附　　录

附录 A　特殊管件

A.1　上部特殊管件外形尺寸

A.1.1　直通（无分支）加强型旋流器外形尺寸

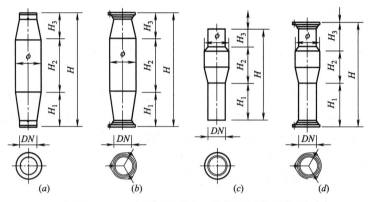

附图 A.1-1　直通（无分支）加强型旋流器外形

(*a*) WA2；(*b*) B2；(*c*) WA2（Ⅰ）；(*d*) B2（Ⅰ）

直通（无分支）加强型旋流器外形尺寸表　　　　附表 A.1-1

型　号		外形尺寸(mm)						质量 (kg)
		DN	Φ	H_1	H_2	H_3	H	
Ⅰ型	WA2	100	164	207	315	158	680	13.54
	B2							14.66
Ⅱ型	WA2(Ⅰ)	100	150	240	215	105	540	6.14
	B2(Ⅰ)			255		140	630	9.86

A.1.2　三通加强型旋流器外形尺寸

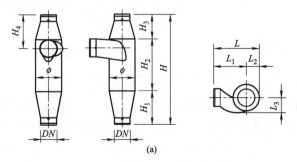

附图 A.1-2　三通加强型旋流器外形

(*a*) W3

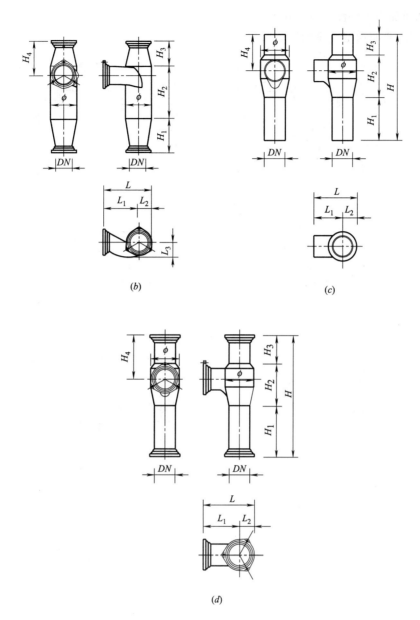

附图 A.1-2　三通加强型旋流器外形（续）

(b) B3；(c) W3（Ⅰ）；(d) B3（Ⅰ）

三通加强型旋流器外形尺寸表　　　　　　　　　　　附表 A.1-2

型号		外形尺寸（mm）										质量（kg）
		DN	Φ	H_1	H_2	H_3	H_4	H	L_1	L_2	L_3	L	
Ⅰ型	W3	100	164	207	315	158	213	680	203	82	92	285	15.21
	B3												17.14
Ⅱ型	W3（Ⅰ）	100	150	240	215	105	185	540	150	75	—	225	7.30
	B3（Ⅰ）			255		140	240	630					11.12

A.1.3 四通加强型旋流器外形尺寸

1. 180°四通加强型旋流器外形尺寸

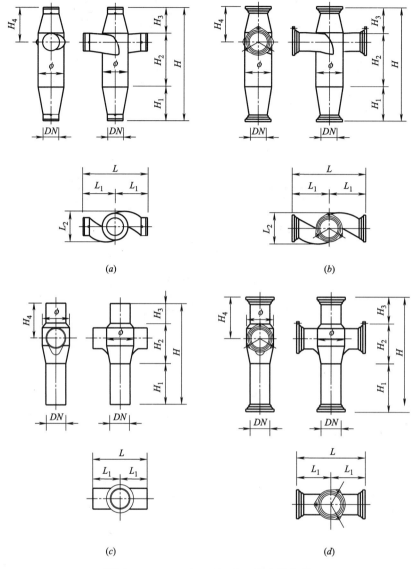

附图 A.1-3　180°四通加强型旋流器外形

(a) W4P；(b) B4P；(c) W4P (Ⅰ)；(d) B4P (Ⅰ)

180°四通加强型旋流器外形尺寸表　附表 A.1-3

型号		外形尺寸(mm)										质量
		DN	Φ	H_1	H_2	H_3	H_4	H	L_1	L_2	L	(kg)
Ⅰ型	W4P	100	164	207	315	158	213	680	203	184	285	17.66
	B4P											19.70
Ⅱ型	W4P(Ⅰ)	100	150	240	215	105	185	540	150	—	300	11.2
	B4P(Ⅰ)			255		140	240	630				13.6

2. 90°三通加强型旋流器外形尺寸

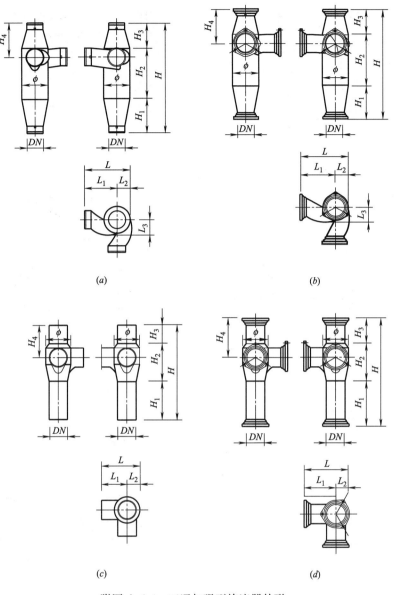

附图 A.1-4　三通加强型旋流器外形

(a) W4Z；(b) B4Z；(c) W4Z（Ⅰ）；(d) B4Z（Ⅰ）

三通加强型旋流器外形尺寸表　　　　附表 A.1-4

型　号		外形尺寸(mm)											质量
		DN	Φ	H₁	H₂	H₃	H₄	H	L₁	L₂	L₃	L	(kg)

型　号		DN	Φ	H_1	H_2	H_3	H_4	H	L_1	L_2	L_3	L	质量(kg)
Ⅰ型	W4Z	100	164	207	315	158	213	680	203	82	92	285	17.66
	B4Z												19.70
Ⅱ型	W4Z（Ⅰ）	100	150	240	215	105	185	540	150	75	—	225	8.68
	B4Z（Ⅰ）			255		140	240	630					12.10

A.1.4 降板同层排水专用90°四通加强型旋流器外形尺寸

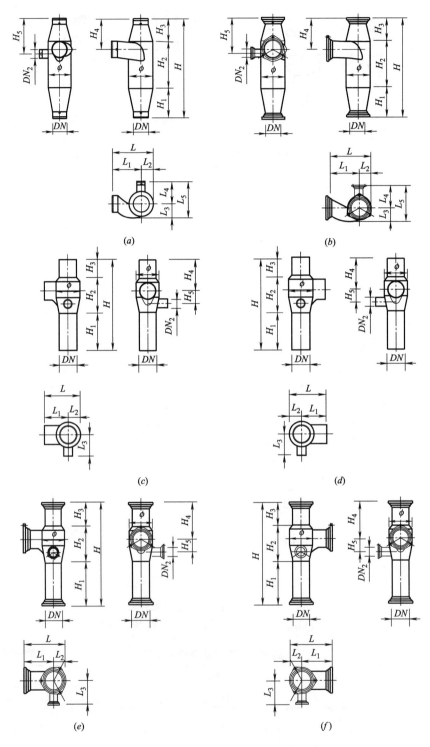

附图 A.1-5　降板同层排水专用90°四通加强型旋流器外形
(a) WTCP3；(b) BTCP3；(c) WTCP3-Y（Ⅰ）；(d) WTCP3-Z（Ⅰ）；
(e) BTCP3-Y（Ⅰ）；(f) BTCP3-Z（Ⅰ）

型号		外形尺寸(mm)														质量(kg)
		DN	DN_2	Φ	H_1	H_2	H_3	H_4	H_5	H	L_1	L_2	L_3	L_4	L_5	L	
Ⅰ型	WTCP3	100	50	164	207	315	158	213	270	680	203	82	92	152	244	285	15.94
	BTCP3																18.28
Ⅱ型	WTCP3(Ⅰ)	100	50	150	240	215	105	185	75	540	150	75	105	—	—	225	7.72
	BTCP3(Ⅰ)				255		140	240		630							11.68

A. 2 底部异径弯头（下部特殊管件）外形尺寸

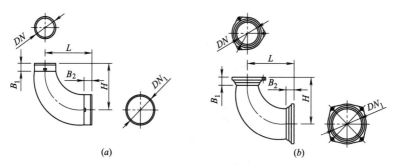

附图 A. 2-1 底部异径弯头外形

(*a*) WAD；(*b*) BD

底部异径弯头外形尺寸表   附表 A. 2-1

型号	外形尺寸(mm)						质量(kg)
	DN	DN_1	L	H	B_1	B_2	
WAD	100	150	240	230	40	40	5.37
BD	100	150	240	230	40	40	6.45

A. 3 导流连体地漏外形尺寸

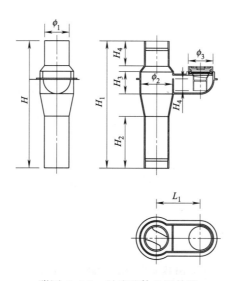

附图 A. 3-1 导流连体地漏外形

型号	外形尺寸(mm)								质量(kg)
	Φ_1	Φ_2	Φ_3	H_1	H_2	H_3	H_4	L	
WALD	110	150	110	540	240	95	105	195	8.25

导流连体地漏外形尺寸表　　　　　　　　　　　　　　　附表 A. 3-1

A. 4　系统测试检查口外形尺寸

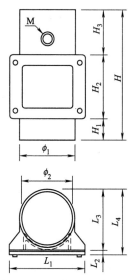

附图 A.4-1　系统测试检查口外形

系统测试检查口外形尺寸表　　　　　　　　　　　　　　附表 A. 4-1

型号	外形尺寸(mm)											质量(kg)
	Φ_1	Φ_2	H_1	H_2	H_3	H	L_1	L_2	L_3	L_4	M	
WAJ	110	101	40	120	85	245	150	9	115	124	G1/2"	3.17

附录 B　特殊配件

B. 1　同层检修地漏外形尺寸

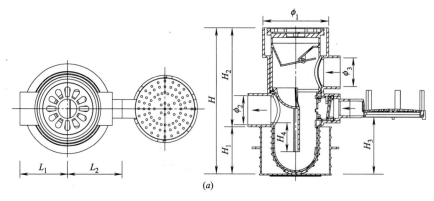

附图 B.1-1　同层检修地漏外形

(a) D-I 型同层检修地漏

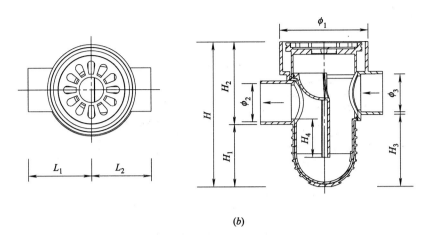

(b)

附图 B.1-1　同层检修地漏外形（续）

(b) D-Ⅱ型同层检修地漏

同层检修地漏外形尺寸表　　　　　　　　　　　附表 B.1-1

型号	Φ_1	Φ_2	Φ_3	H	H_1	H_2	H_3	H_4	L_1	L_2
D-Ⅰ型	118	50	50	≥250	82	≥168	98	50	85	97
D-Ⅱ型	118	50	50	≥190	82	≥108	88	50	85	80

B.2　器具连接器外形尺寸

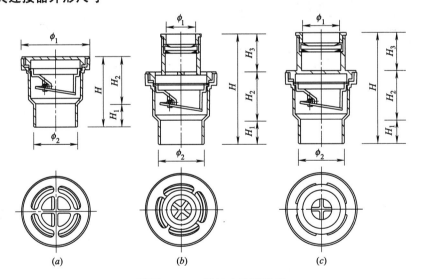

附图 B.2-1　器具连接器外形

(a) L-Ⅰ型器具连接器（直通防臭地漏）；(b) L-Ⅱ型器具连接器；(c) L-Ⅲ型器具连接器

器具连接器外形尺寸表　　　　　　　　　　　附表 B.2-1

型号	Φ_1	Φ_2	H	H_1	H_2	H_3
L-Ⅰ	78	50	78	25	53	—
L-Ⅱ	32	50	118	25	53	41
L-Ⅲ	40	50	118	25	53	41

B.3 水封盒外形尺寸

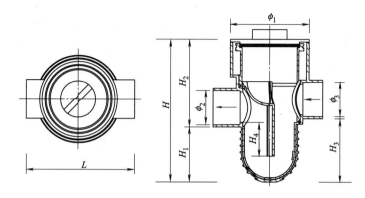

附图 B.3-1 水封盒外形

水封盒外形尺寸表　　　　　　　　　　　　　　　　　附表 B.3-1

型号	Φ_1	Φ_2	Φ_3	H	H_1	H_2	H_3	H_4	L
WAB-S	118	50	50	190	82	108	88	50	145

附录 C　不同卫生器具组合卫生间排水流量计算表

不同卫生器具组合卫生间排水流量计算表（$\alpha=1.5$）　　　　附表 C-1

卫生间卫生器具组合	排水当量	排水流量(L/s)											
		5层	10层	15层	20层	25层	30层	35层	40层	45层	50层	55层	60层
淋浴器＋洗脸盆＋大便器	5.7	2.46	2.86	3.16	3.42	3.65	3.85	4.04	4.22	4.38	4.54	4.69	4.83
淋浴器＋洗脸盆＋大便器＋净身器	6.0	2.49	2.89	3.21	3.47	3.70	3.91	4.11	4.29	4.46	4.62	4.77	4.92
淋浴器＋洗脸盆＋大便器＋洗衣机	7.2	2.58	3.03	3.37	3.66	3.91	4.15	4.36	4.55	4.74	4.92	5.08	5.24
淋浴器＋洗脸盆＋大便器＋净身器＋洗衣机	7.5	2.60	3.06	3.41	3.70	3.96	4.20	4.42	4.62	4.81	4.99	5.16	5.32
浴盆＋洗脸盆＋大便器	8.25	2.66	3.13	3.50	3.81	4.09	4.33	4.56	4.77	4.97	5.16	5.33	5.50
浴盆＋洗脸盆＋大便器＋净身器	8.55	2.68	3.16	3.54	3.85	4.13	4.38	4.61	4.83	5.03	5.22	5.40	5.58
浴盆＋洗脸盆＋大便器＋洗衣机	9.75	2.76	3.28	3.68	4.01	4.31	4.58	4.83	5.05	5.27	5.47	5.67	5.85
浴盆＋洗脸盆＋大便器＋净身器＋洗衣机	10.05	2.78	3.30	3.71	4.05	4.35	4.63	4.88	5.11	5.33	5.53	5.73	5.92
卫生间卫生器具组合	排水当量	排水流量(L/s)											
		65层	70层	75层	80层	85层	90层	95层	100层	105层	110层	115层	120层
淋浴器＋洗脸盆＋大便器	5.7	4.96	5.10	5.22	5.34	5.46	5.58	5.69	5.80	5.90	6.01	6.11	6.21
淋浴器＋洗脸盆＋大便器＋净身器	6.0	5.05	5.19	5.32	5.44	5.56	5.68	5.80	5.91	6.02	6.12	6.23	6.33

卫生间卫生器具组合	排水当量	排水流量（L/s）											
		65层	70层	75层	80层	85层	90层	95层	100层	105层	110层	115层	120层
淋浴器＋洗脸盆＋大便器＋洗衣机	7.2	5.39	5.54	5.68	5.82	5.95	6.08	6.21	6.33	6.45	6.57	6.68	6.79
淋浴器＋洗脸盆＋大便器＋净身器＋洗衣机	7.5	5.47	5.62	5.77	5.91	6.04	6.18	6.30	6.43	6.55	6.67	6.79	6.90
浴盆＋洗脸盆＋大便器	8.25	5.67	5.83	5.98	6.12	6.27	6.40	6.54	6.67	6.80	6.92	7.04	7.16
浴盆＋洗脸盆＋大便器＋净身器	8.55	5.74	5.90	6.06	6.21	6.35	6.49	6.63	6.76	6.89	7.02	7.14	7.27
浴盆＋洗脸盆＋大便器＋洗衣机	9.75	6.03	6.20	6.37	6.53	6.68	6.83	6.98	7.12	7.26	7.39	7.53	7.66
浴盆＋洗脸盆＋大便器＋净身器＋洗衣机	10.05	6.10	6.27	6.44	6.60	6.76	6.91	7.06	7.21	7.35	7.48	7.62	7.75

注：1. 本表中排水设计秒流量计算公式为 $q_p=0.12\alpha\sqrt{N_p}+q_{max}$；

2. 本表所指大便器采用冲洗水箱式，按每层一个卫生间计算；

3. 各卫生器具计算排水当量：淋浴器（0.45），洗脸盆（0.75），浴盆（3.00），大便器（4.50），净身器（0.30），洗衣机（1.50）。

不同卫生器具组合卫生间排水流量计算表（α＝2.0）　　　　附表 C-2

卫生间卫生器具组合	排水当量	排水流量（L/s）											
		5层	10层	15层	20层	25层	30层	35层	40层	45层	50层	55层	60层
淋浴器＋浴盆＋洗脸盆＋净身器	4.5	2.14	2.61	2.97	3.28	3.55	3.79	4.01	4.22	4.42	4.60	4.78	4.94
大便器	4.5	2.64	3.11	3.47	3.78	4.05	4.29	4.51	4.72	4.92	5.10	5.28	5.44
淋浴器＋洗脸盆＋大便器	5.7	2.78	3.31	3.72	4.06	4.36	4.64	4.89	5.12	5.34	5.55	5.75	5.94
淋浴器＋洗脸盆＋大便器＋净身器	6.0	2.81	3.36	3.78	4.13	4.44	4.72	4.98	5.22	5.44	5.66	5.86	6.05
浴盆＋洗脸盆＋大便器	8.25	3.04	3.68	4.17	4.58	4.95	5.28	5.58	5.86	6.12	6.37	6.61	6.84
浴盆＋洗脸盆＋大便器＋净身器	8.55	3.07	3.72	4.22	4.64	5.01	5.34	5.65	5.94	6.21	6.46	6.70	6.94
淋浴器＋浴盆＋洗脸盆＋大便器	8.70	3.08	3.74	4.24	4.67	5.04	5.38	5.69	5.98	6.25	6.51	6.75	6.98
淋浴器＋浴盆＋洗脸盆＋净身器＋大便器	9.00	3.11	3.78	4.29	4.72	5.10	5.44	5.76	6.05	6.33	6.59	6.84	7.08
卫生间卫生器具组合	排水当量	排水流量（L/s）											
		65层	70层	75层	80层	85层	90层	95层	100层	105层	110层	115层	120层
淋浴器＋浴盆＋洗脸盆＋净身器	4.5	5.10	5.26	5.41	5.55	5.69	5.83	5.96	6.09	6.22	6.34	6.46	6.58
大便器	4.5	5.60	5.76	5.91	6.05	6.19	6.33	6.46	6.59	6.72	6.84	6.96	7.08
淋浴器＋洗脸盆＋大便器	5.7	6.12	6.29	6.46	6.62	6.78	6.94	7.08	7.23	7.37	7.51	7.64	7.78
淋浴器＋洗脸盆＋大便器＋净身器	6.0	6.24	6.42	6.59	6.76	6.92	7.08	7.23	7.38	7.52	7.67	7.80	7.94
浴盆＋洗脸盆＋大便器	8.25	7.06	7.27	7.47	7.67	7.86	8.04	8.22	8.39	8.56	8.73	8.89	9.05
浴盆＋洗脸盆＋大便器＋净身器	8.55	7.16	7.37	7.58	7.78	7.97	8.16	8.34	8.52	8.69	8.86	9.03	9.19

卫生间卫生器具组合	排水当量	排水流量(L/s)											
		65层	70层	75层	80层	85层	90层	95层	100层	105层	110层	115层	120层
淋浴器＋浴盆＋洗脸盆＋大便器	8.70	7.21	7.42	7.63	7.83	8.03	8.22	8.40	8.58	8.75	8.92	9.09	9.25
淋浴器＋浴盆＋洗脸盆＋净身器＋大便器	9.00	7.30	7.52	7.74	7.94	8.14	8.33	8.52	8.70	8.88	9.05	9.22	9.39

注：1. 本表中排水设计秒流量计算公式为 $q_p = 0.12\alpha\sqrt{N_p} + q_{max}$；

2. 本表所指大便器采用冲洗水箱式，按每层一个卫生间计算；

3. 各卫生器具计算排水当量：淋浴器（0.45），洗脸盆（0.75），浴盆（3.00），大便器（4.50），净身器（0.30）。

不同卫生器具组合卫生间排水流量计算表（α＝2.5）   附表 C-3

卫生间卫生器具组合	排水当量	排水流量(L/s)											
		5层	10层	15层	20层	25层	30层	35层	40层	45层	50层	55层	60层
淋浴器＋浴盆＋洗脸盆＋净身器	4.5	2.42	3.01	3.46	3.85	4.18	4.49	4.76	5.02	5.27	5.50	5.72	5.93
大便器	4.5	2.92	3.51	3.96	4.35	4.68	4.99	5.26	5.52	5.77	6.00	6.22	6.43
淋浴器＋洗脸盆＋大便器	5.7	3.10	3.76	4.27	4.70	5.08	5.42	5.74	6.03	6.30	6.56	6.81	7.05
淋浴器＋洗脸盆＋大便器＋净身器	6.0	3.14	3.82	4.35	4.79	5.17	5.52	5.85	6.15	6.43	6.70	6.95	7.19
浴盆＋洗脸盆＋大便器	8.25	3.43	4.22	4.84	5.35	5.81	6.22	6.60	6.95	7.28	7.59	7.89	8.17
浴盆＋洗脸盆＋大便器＋净身器	8.55	3.46	4.27	4.90	5.42	5.89	6.30	6.69	7.05	7.38	7.70	8.01	8.29
淋浴器＋浴盆＋洗脸盆＋大便器	8.70	3.48	4.30	4.93	5.46	5.92	6.35	6.73	7.10	7.44	7.76	8.06	8.35
淋浴器＋浴盆＋洗脸盆＋净身器＋大便器	9.00	3.51	4.35	4.99	5.52	6.00	6.43	6.82	7.19	7.54	7.86	8.17	8.47

卫生间卫生器具组合	排水当量	排水流量(L/s)											
		65层	70层	75层	80层	85层	90层	95层	100层	105层	110层	115层	120层
淋浴器＋浴盆＋洗脸盆＋净身器	4.5	6.13	6.32	6.51	6.69	6.87	7.04	7.20	7.36	7.52	7.67	7.82	7.97
大便器	4.5	6.63	6.82	7.01	7.19	7.37	7.54	7.70	7.86	8.02	8.17	8.32	8.47
淋浴器＋洗脸盆＋大便器	5.7	7.27	7.49	7.70	7.91	8.10	8.29	8.48	8.66	8.84	9.01	9.18	9.35
淋浴器＋洗脸盆＋大便器＋净身器	6.0	7.42	7.65	7.86	8.07	8.27	8.47	8.66	8.85	9.03	9.21	9.38	9.55
浴盆＋洗脸盆＋大便器	8.25	8.45	8.71	8.96	9.21	9.44	9.67	9.90	10.12	10.33	10.54	10.74	10.94
浴盆＋洗脸盆＋大便器＋净身器	8.55	8.57	8.84	9.10	9.35	9.59	9.82	10.05	10.27	10.49	10.70	10.91	11.11
淋浴器＋浴盆＋洗脸盆＋大便器	8.70	8.63	8.90	9.16	9.41	9.66	9.89	10.12	10.35	10.57	10.78	10.99	11.19
淋浴器＋浴盆＋洗脸盆＋净身器＋大便器	9.00	8.76	9.03	9.29	9.55	9.80	10.04	10.27	10.50	10.72	10.94	11.15	11.36

注：1. 本表中排水设计秒流量计算公式为 $q_p = 0.12\alpha\sqrt{N_p} + q_{max}$；

2. 本表所指大便器采用冲洗水箱式，按每层一个卫生间计算；

3. 各卫生器具计算排水当量：淋浴器（0.45），洗脸盆（0.75），浴盆（3.00），大便器（4.50），净身器（0.30）。

附录 D 建筑排水用柔性接口铸铁横管（或出户管）水力计算表

建筑排水用柔性接口铸铁横管（或出户管）水力计算表　　附表 D-1

| 坡度 | 充满度($h/d=0.5$) | | | | | | | | 充满度($h/d=0.6$) | | | |
| | DN50 | | DN75 | | DN100 | | DN125 | | DN150 | | DN200 | |
	流速(m/s)	流量(L/s)	流速(m/s)	流量(L/s)	流速(m/s)	流量(L/s)	流速(m/s)	流量(L/s)	流速(m/s)	流量(L/s)	流速(m/s)	流量(L/s)
0.005	—	—	—	—	—	—	—	—	—	—	0.79	15.58
0.007	—	—	—	—	—	—	—	—	0.77	8.56	0.94	18.44
0.008	—	—	—	—	—	—	—	—	0.83	9.15	1.00	19.71
0.009	—	—	—	—	—	—	—	—	0.88	9.71	1.06	20.90
0.010	—	—	—	—	—	—	0.76	4.68	0.92	10.23	1.12	22.04
0.012	—	—	—	—	0.72	2.83	0.84	5.13	1.01	11.20	1.23	24.14
0.015	—	—	0.66	1.47	0.81	3.16	0.93	5.74	1.13	12.53	1.37	26.99
0.020	—	—	0.77	1.70	0.93	3.65	1.08	6.62	1.31	14.47	1.58	31.16
0.025	0.66	0.64	0.86	1.90	1.04	4.08	1.21	7.40	1.46	16.18	1.77	34.84
0.030	0.72	0.70	0.94	2.08	1.14	4.47	1.32	8.11	1.60	17.72	1.94	38.17
0.035	0.78	0.76	1.02	2.24	1.23	4.83	1.43	8.76	1.73	19.14	2.09	41.22
0.040	0.83	0.81	1.09	2.40	1.32	5.17	1.53	9.37	1.85	20.46	2.24	44.07
0.045	0.88	0.86	1.15	2.54	1.40	5.48	1.62	9.93	1.96	21.70	2.38	46.74
0.050	0.93	0.91	1.21	2.68	1.47	5.78	1.71	10.47	2.07	22.88	2.50	49.27
0.055	0.97	0.95	1.27	2.81	1.54	6.06	1.79	10.98	2.17	24.00	2.63	51.68
0.060	1.01	1.00	1.33	2.94	1.61	6.33	1.87	11.47	2.26	25.06	2.74	53.97
0.065	1.06	1.04	1.38	3.06	1.68	6.58	1.95	11.94	2.36	26.09	2.85	56.18
0.070	1.10	1.08	1.44	3.17	1.74	6.83	2.02	12.39	2.45	27.07	2.96	58.30
0.075	1.13	1.11	1.49	3.28	1.80	7.07	2.09	12.82	2.53	28.02	3.07	60.35
0.080	1.17	1.15	1.54	3.39	1.86	7.31	2.16	13.24	2.61	28.94	3.17	62.32

注：1. 铸铁排水管粗糙系数为 0.013；

　　2. 铸铁排水管计算内径（A 型 B 级）：

　　　　管径 50mm 取 50mm，管径 75mm 取 75mm，管径 100mm 取 100mm，管径 125mm 取 125mm，管径 150mm 取 150mm，管径 200mm 取 200mm；

　　3. 铸铁排水管坡度：

　　　　管径 50mm，最小坡度 0.025，通用坡度 0.035；管径 75mm，最小坡度 0.015，通用坡度 0.025；管径 100mm，最小坡度 0.012，通用坡度 0.020；管径 125mm，最小坡度 0.010，通用坡度 0.015；管径 150mm，最小坡度 0.007，通用坡度 0.010；管径 200mm，最小坡度为 0.005，通用坡度 0.008。

附录 E 建筑排水用硬聚氯乙烯横管（或出户管）水力计算表

建筑排水用硬聚氯乙烯横管（或出户管）水力计算表　　　　附表 E-1

坡度	充满度($h/d=0.5$)								充满度($h/d=0.6$)			
	dn50		dn75		dn110		dn125		dn160		dn200	
	流速 (m/s)	流量 (L/s)	流速 (m/s)	流量 (L/s)	流速 (m/s)	流量 (L/s)	流速 (m/s)	流量 (L/s)	流速 (m/s)	流量 (L/s)	流速 (m/s)	流量 (L/s)
0.003	—	—	—	—	—	—	—	—	0.74	8.38	0.86	15.20
0.0035	—	—	—	—	—	—	0.63	3.48	0.80	9.06	0.92	16.42
0.004	—	—	—	—	0.62	2.59	0.67	3.72	0.85	9.68	0.99	17.56
0.005	—	—	—	—	0.69	2.90	0.75	4.16	0.95	10.82	1.10	19.63
0.006	—	—	—	—	0.75	3.18	0.82	4.55	1.04	11.86	1.21	21.50
0.007	—	—	0.63	1.22	0.81	3.43	0.89	4.92	1.13	12.81	1.31	23.23
0.008	—	—	0.67	1.31	0.87	3.67	0.95	5.26	1.20	13.69	1.40	24.83
0.009	—	—	0.71	1.39	0.92	3.89	1.01	5.58	1.28	14.52	1.48	26.33
0.010	—	—	0.75	1.46	0.97	4.10	1.06	5.88	1.35	15.31	1.56	27.76
0.012	0.62	0.52	0.82	1.60	1.07	4.49	1.17	6.44	1.48	16.77	1.71	30.41
0.015	0.69	0.58	0.92	1.79	1.19	5.02	1.30	7.20	1.65	18.75	1.91	34.00
0.020	0.80	0.67	1.06	2.07	1.38	5.80	1.51	8.31	1.90	21.65	2.21	39.26
0.025	0.90	0.74	1.19	2.31	1.54	6.48	1.68	9.30	2.13	24.20	2.47	43.89
0.026	0.91	0.76	1.21	2.36	1.57	6.61	1.72	9.48	2.17	24.68	2.52	44.76
0.030	0.98	0.81	1.30	2.53	1.68	7.10	1.84	10.18	2.33	26.51	2.71	48.08
0.035	1.06	0.88	1.41	2.74	1.82	7.67	1.99	11.00	2.52	28.64	2.92	51.93
0.040	1.13	0.94	1.50	1.59	1.95	8.20	2.13	11.76	2.69	30.62	3.13	55.52
0.045	1.20	1.00	1.59	3.50	2.06	8.70	2.26	12.47	2.86	32.47	3.32	58.89
0.050	1.27	1.05	1.68	3.27	2.17	9.17	2.38	13.15	3.01	34.23	3.49	62.07
0.055	1.33	1.10	1.76	3.43	2.28	9.61	2.50	13.79	3.16	35.90	3.67	65.10
0.060	1.39	1.15	1.84	3.58	2.38	10.04	2.61	14.40	3.30	37.50	3.83	68.00

注：1. PVC-U 管粗糙系数为 0.009；

2. PVC-U 管计算内径：

外径 50mm 取 46mm，外径 75mm 取 70.4mm，外径 110mm 取 103.6mm，外径 125mm 取 118.6mm，外径 160mm 取 152mm，外径 200mm 取 190mm；

3. PVC-U 管坡度：标准坡度 0.026；

外径 50mm，最小坡度 0.012，通用坡度 0.025；外径 75mm，最小坡度 0.007，通用坡度 0.015；外径 110mm，最小坡度 0.004，通用坡度 0.012；外径 125mm，最小坡度 0.0035，通用坡度 0.010；外径 160mm，最小坡度 0.003，通用坡度 0.007；外径 200mm，最小坡度 0.003，通用坡度 0.005。

附录 F　建筑排水用高密度聚乙烯横管（或出户管）水力计算表

建筑排水用高密度聚乙烯横管（或出户管）水力计算表　　　附表 F-1

| 坡度 | 充满度(h/d=0.5) | | | | | | | | 充满度(h/d=0.6) | | | |
| | dn50 | | dn75 | | dn110 | | dn125 | | dn160 | | dn200 | |
	流速(m/s)	流量(L/s)	流速(m/s)	流量(L/s)	流速(m/s)	流量(L/s)	流速(m/s)	流量(L/s)	流速(m/s)	流量(L/s)	流速(m/s)	流量(L/s)
0.003	—	—	—	—	—	—	—	—	0.72	7.75	0.84	14.08
0.0035	—	—	—	—	—	—	0.62	3.23	0.78	8.38	0.91	15.21
0.004	—	—	—	—	0.61	2.46	0.66	3.46	0.84	8.95	0.97	16.26
0.005	—	—	—	—	0.68	2.75	0.74	3.86	0.93	10.01	1.08	18.18
0.006	—	—	—	—	0.74	3.01	0.81	4.23	1.02	10.97	1.19	19.91
0.007	—	—	0.62	1.16	0.80	3.26	0.87	4.57	1.11	11.84	1.28	21.51
0.008	—	—	0.66	1.24	0.86	3.48	0.93	4.89	1.18	12.66	1.37	22.99
0.009	—	—	0.70	1.32	0.91	3.69	0.99	5.18	1.25	13.43	1.45	24.39
0.010	—	—	0.74	1.39	0.96	3.89	1.05	5.46	1.32	14.16	1.53	25.71
0.012	0.60	0.46	0.81	1.52	1.05	4.26	1.15	5.99	1.45	15.51	1.68	28.16
0.015	0.67	0.51	0.91	1.70	1.18	4.77	1.28	6.69	1.62	17.34	1.88	31.48
0.020	0.78	0.59	1.05	1.96	1.36	5.50	1.48	7.73	1.87	20.02	2.17	36.35
0.025	0.87	0.66	1.17	2.19	1.52	6.15	1.65	8.64	2.09	22.38	2.42	40.64
0.026	0.89	0.67	1.20	2.24	1.55	6.27	1.69	8.81	2.13	22.83	2.47	41.45
0.030	0.95	0.72	1.28	2.40	1.66	6.74	1.81	9.46	2.29	24.52	2.66	44.52
0.035	1.03	0.78	1.39	2.59	1.80	7.28	1.96	10.22	2.47	26.48	2.87	48.09
0.040	1.10	0.84	1.48	2.77	1.92	7.78	2.09	10.93	2.64	28.31	3.07	51.41
0.045	1.17	0.89	1.57	2.94	2.04	8.25	2.22	11.59	2.80	30.01	3.25	54.53
0.050	1.23	0.93	1.66	3.10	2.15	8.70	2.34	12.22	2.95	31.66	3.43	57.48
0.055	1.29	0.98	1.74	3.25	2.25	9.12	2.45	12.82	3.10	33.20	3.60	60.28
0.060	1.35	1.02	1.82	3.40	2.35	9.53	2.56	13.38	3.24	34.68	3.76	62.96

注：1. HDPE 管粗糙系数为 0.009；

　　2. HDPE 管计算内径：

　　　　外径 50mm 取 44mm，外径 75mm 取 69mm，外径 110mm 取 101.6mm，外径 125mm 取 115.4mm，外径 160mm 取 147.6mm，外径 200mm 取 184.6mm；

　　3. HDPE 管坡度：标准坡度 0.026；

　　　　外径 50mm，最小坡度 0.012，通用坡度 0.025；外径 75mm，最小坡度 0.007，通用坡度 0.015；外径 110mm，最小坡度 0.004，通用坡度 0.012；外径 125mm，最小坡度 0.0035，通用坡度 0.010；外径 160mm，最小坡度 0.003，通用坡度 0.007；外径 200mm，最小坡度 0.003，通用坡度 0.005。

附录G 建筑同层检修排水系统引用相关标准名录

建筑同层检修排水系统引用相关标准名录 附表 G-1

序号	标 准 名 称	标 准 号
1	建筑给水排水设计规范	GB 50015—2003(2009 年版)
2	建筑抗震设计规范	GB 50011—2010
3	住宅设计规范	GB 50096—2011
4	建筑给水排水及采暖工程施工质量验收规范	GB 50242—2002
5	民用建筑工程室内环境污染控制规范	GB 50325—2010
6	住宅建筑规范	GB 50368—2005
7	建筑排水用硬聚氯乙烯管材	GB/T 5836.1—2006
8	建筑排水用硬聚氯乙烯管件	GB/T 5836.2—2006
9	卫生陶瓷	GB 6952—2005
10	排水用柔性接口铸铁管、管件及附件	GB/T 12772—2008
11	室内空气质量标准	GB/T 18883—2002
12	声学 建筑和建筑构件隔声测量 第4部分:房间之间空气声隔声的现场测量	GB/T 19889.4—2005
13	建筑给水排水系统运行安全评价标准(征求意见稿)	GB(在编)
14	建筑排水塑料管道工程技术规程	CJJ/T 29—2010
15	建筑排水金属管道工程技术规程	CJJ 127—2009
16	建筑排水用卡箍式铸铁管及管件	CJ/T 177—2002
17	建筑排水用柔性接口承插式铸铁管及管件	CJ/T 178—2003
18	地漏	CJ/T 186—2003
19	建筑排水用高密度聚乙烯(HDPE)管材及管件	CJ/T 250—2007
20	建筑排水管道系统噪声测试方法	CJ/T 312—2009
21	特殊单立管排水系统技术规程	CECS 79—2011
22	建筑排水柔性接口铸铁管管道工程技术规程	CECS 168—2004
23	排水系统水封保护设计规程	CECS 172—2004
24	建筑同层排水系统工程技术规程	CECS 247—2008
25	加强型旋流器单立管排水系统技术规程	CECS 307—2012
26	WAB建筑同层检修排水系统技术规程	CECS(在编)
27	生活排水系统测试标准	CECS(在编)
28	WAB特殊单立管同层检修排水系统安装图集	滇 11JS4-1

序号	标准名称	标准号
29	建筑同层检修特殊单立管排水系统安装	闽 2012-S-01
30	建筑排水设备附件选用与安装	04S301
31	卫生设备安装	09S304
32	室内管道支架及吊架	03S402
33	防水套管	02S404
34	建筑排水塑料管道安装	10S406
35	住宅厨、卫给排水管道安装	03SS408
36	建筑排水用柔性接口铸铁管安装	04S409
37	建筑特殊单立管排水系统安装	10SS410
38	住宅卫生间同层排水系统安装	国家标准图集（在编）

参 考 文 献

[1] 刘德明. 住宅卫生间排水管道敷设. 住宅科技 [J]. 2001 (1)，26～29.

[2] 刘德明，程宏伟，林国强. WAB 型单立管排水系统的开发与应用. 福建建设科技 [J]. 2010 (5)，61～64.

[3] 程宏伟，刘德明，邱寿华. WAB 同层排水专用地漏的开发与特点. 福州：福建省住房和城乡建设厅"第六届绿色建筑与建筑节能学术研讨会《论文集》" [C]. 2012，123～126.

[4] 程宏伟，刘德明，邱寿华. WAB 同层排水专用地漏的特点与开发应用. 福建建材 [J]. 2012 (6)，35～36、52.

[5] 王江源. 浅谈特殊单立管排水系统的工程应用. 亚洲给水排水 [J]. 2011 (11)，86～91.

[6] 滇 11JS4-1. 云南省工程建设标准设计图集《WAB 特殊单立管同层检修排水系统安装图集》 [S]. 昆明：云南出版集团公司、云南人民出版社，2011.

[7] 闽 2012-S-01. 福建省建筑标准设计《建筑同层检修特殊单立管排水系统安装》 [S]. 福州：海峡出版发行集团、福建省科学技术出版社，2012.

[8] Q/WAB001-2011. 同层检修地漏 [S]. 昆明：昆明群之英科技有限公司，2011-04-22.

[9] 建设行业科技成果评价报告（建科评 [2011] 025 号）. 同层检修地漏 [P]，北京：住房和城乡建设部科技发展促进中心，2011-05-17.

[10] 中建（北京）国际设计顾问有限公司. WAB 同层检修排水系统技术规程（送审稿）[S]，2012-07.

[11] 测试报告（JP20101101）. 昆明群之英科技有限公司特殊接头排水系统测试报告 [R]. 长沙：湖南大学，2010-11-01.

[12] 测试报告（JP20110428）. 昆明群之英科技有限公司特殊接头排水系统测试报告 [R]. 长沙：湖南大学，2011-04-28.

[13] 检测报告（KGJ-DL-113001）. 地漏 [R]. 昆明：昆明理工大西维尔技术服务有限公司，2011-03-31.

[14] 检验报告（GJ201100076、GJ201100077）. 铸铁直管、WAB 导流三通、88°弯头、检查口和不锈钢卡箍等 [R]. 昆明：云南省产品质量监督检验研究院，2011-05-04.

[15] 林国强. 一种排水管接头 [P]. 中华人民共和国，F16L41/00（2006. 01）I，200910218332. 6. 2010-05-19.

[16] 林国强. 一种多功能组合式防溢地漏 [P]. 中华人民共和国，E03F5/042（2006. 01）I，201010247290. 1. 2010-12-22.

[17] 林国强. 一种内置水封的地漏 [P]. 中华人民共和国，E03F5/04（2006. 01）I，201010217253. 6. 2010-11-17.

[18] 林国强. 一种组合式防积水地漏 [P]. 中华人民共和国，E03F5/04（2006. 01）I，201010217251. 7. 2010-11-17.

[19] 林国强，刘德明. 一种同层排水接头 [P]. 中华人民共和国，E03C1/122（2006. 01）I，201010605019. 0. 2011-06-01.

[20] 林国强. 一种用于同层排水的多功能积水排除器 [P]. 中华人民共和国，E03C1/122（2006. 01）I，201110199035. 9. 2011-12-21.

[21] 林国强，刘德明. 一种建筑卫生间单立管同层检修排水系统 [P]. 中华人民共和国，E03C1/122（2006. 01）I，201110324870. 0. 2012-02-15.

[22] 林国强. 一种排水管接头 [P]. 中华人民共和国，F16L41/00（2006. 01）I，200920253889. 9. 2010-08-11.

[23] 林国强. 一种止回阀 [P]. 中华人民共和国，F16K15/03（2006. 01）I，201020285673. 3. 2011-04-06.

[24] 林国强. 一种组合式多通道地漏 [P]. 中华人民共和国，E03F5/04（2006. 01）I，201020285664. 4. 2011-04-06.

[25] 林国强. 一种内置水封的地漏 [P]. 中华人民共和国，E03F5/04（2006. 01）I，201020247121. 3. 2011-07-06.

[26] 林国强. 一种组合式防积水地漏 [P]. 中华人民共和国，E03F5/04（2006. 01）I，201020247116. 2. 2011-07-20.

[27] 林国强，刘德明. 一种同层排水接头 [P]. 中华人民共和国，E03F5/04（2006. 01）I，201020679636. 0.

2011-08-03.

[28] 林国强. 一种同层检修多功能地漏 [P]. 中华人民共和国, E03F5/04（2006. 01）I, 201020679671. 2. 2011-08-31.

[29] 林国强. 一种多功能组合式防溢地漏 [P]. 中华人民共和国, E03F5/042（2006. 01）I, 201020284034. 5. 2011-12-07.

[30] 林国强. 一种用于同层排水的多功能积水排除器 [P]. 中华人民共和国, E03C1/12（2006. 01）I, 201120251052. 8. 2012-05-30.

[31] 林国强, 刘德明. 一种建筑卫生间单立管同层检修排水系统 [P]. 中华人民共和国, E03C1/122（2006. 01）I, 201120405311. 8. 2012-06-13.

[32] 林国强, 邱寿华. 一种排水系统测试仪器 [P]. 中华人民共和国, G01M99/00（2011. 01）I, 201110323095. 7. 2012-06-20.

[33] 林国强, 邱寿华. 一种排水系统测试仪器 [P]. 中华人民共和国, G01M99/00（2011. 01）I, 20112040588. 9. 2012-08-15.

[34] 住房和城乡建设部工程质量安全监督司、中国建筑标准设计研究院. 全国民用建筑工程设计技术措施-给水排水（2009）[M]. 北京：中国计划出版社, 2009.

[35] 卢安坚. 美国建筑给水排水设计 [M]. 北京：经济日报出版社, 2006.

[36] ［日］空气调和·卫生工学会编. 图解现代住宅设施系列（排水）[M]. 北京：科学出版社, 2002.

[37] 禹华谦. 工程流体力学 [M]. 四川：西南交通大学出版社, 1999.

[38] 盛骤, 谢式千, 潘承毅. 概率论与数理统计 [M]. 北京：高等教育出版社, 2010.

[39] 草野隆, 寺岛学, 李雪艳等. 日本排水技术 ABC 和特殊单立管排水系统. 宁波：全国建筑给水排水委员会排水分会第二届第一次学术交流会 [C]. 2005, 21～23.

[40] 姜文源. 关于地漏问题讨论的有关情况介绍. 给水排水 [J], 2001, 27（11）：59～61.

[41] 姜文源, 袁玉梅, 李云峰等. 排水立管排水流量的确定和启示. 给水排水 [J], 2011, 37（1）：153～157.

[42] 毛俊琦, 姜文源. 关于《建规》4. 2. 6等条文不适用于地漏的看法. 中国工程建设标准化协会建筑给水排水专业委员会、中国土木工程学会水工业分会建筑给水排水专业委员会20周年庆典论文集 [C]. 175～180.

[43] 赵世明. 水封的抗压能力. 全国建筑给水排水委员会排水分会第二届第二次学术交流会 [C]. 2009, 18～19.

[44] 谢思桃, 王冠军, 王新发. 住宅给排水设计中的卫生防疫问题探讨. 给水排水（增刊）[J]. 2007（30）, 13～16.

[45] 吴俊奇, 王文海, 刘刚等. 洗脸盆存水弯水封破坏影响因素研究. 给水排水 [J]. 2008, 34（7）：88～89.

[46] 张磊. 管道布置方法对节水型坐便器输送性能影响的试验研究. 给水排水 [J]. 2008, 34（9）：81～85.

[47] 吴俊奇, 翟立晓, 杨海燕. 坐便器连接横管水力性能研究. 杭州：第一届中国建筑学会建筑给水排水研究分会第二次会员大会暨学术交流会论文集 [C]. 2010, 259～263.

[48] 吴俊奇, 李颖娜, 秦纪伟等. 铸铁排水管与硬聚氯乙烯排水管噪声的研究. 给水排水 [J]. 2008, 34（12）：91～95.

[49] 戚建强, 蒋荃, 刘翼等. 建筑排水系统噪声测试研究. 中国建材科技 [J]. 2010年第S2期, 229～234.

[50] 张磊, 潘宝凤. 日本住宅排水系统维护技术简介与研讨. 给水排水 [J]. 2008, 34（7）：83～85.